Sitzungsberichte
der Akademie der Wissenschaften
der DDR
Mathematik – Naturwissenschaften – Technik

6 N

1977

H.-D. Tietz / H. Blumenauer / H. Hoffmann

Eigenspannungen in Werkstoffen

AKADEMIE-VERLAG · BERLIN

Sitzungsberichte
der Akademie der Wissenschaften
der DDR
Mathematik — Naturwissenschaften — Technik

Jahrgang 1977 · Nr. 6/N

H.-D. Tietz / H. Blumenauer / H. Hoffmann

Eigenspannungen in Werkstoffen

AKADEMIE - VERLAG · BERLIN
1977

Vorträge gehalten vor der Klasse Werkstofforschung
am 25. März 1976

Herausgegeben im Auftrage
des Präsidenten der Akademie
der Wissenschaften der DDR
von Vizepräsident Prof. Dr. Heinrich Scheel

Erschienen im Akademie-Verlag, 108 Berlin, Leipziger Str. 3—4

Lizenznummer: 202 · 100/249/77
Gesamtherstellung: VEB Druckhaus Köthen
Bestellnummer: 7533277 (2010/77/6/N) · LSV 1185
Printed in GDR
DDR 4,50 M

Inhalt

Horst-Dieter Tietz

Eigenspannungen

Definition — Messen — Bewerten

1. Definition der Eigenspannungen

Seit etwa 100 Jahren ist der Einfluß der Eigenspannungen auf das mechanische Verhalten der Werkstoffe bekannt. Die Entwicklung technisch nutzbarer Methoden zur Messung der Eigenspannungen setzte vor etwa 50 Jahren ein.

Mit zunehmender Ausnutzung der Werkstoffe und der weiteren Entwicklung beanspruchungsgerechter Werkstoffkennwerte spielt die Berücksichtigung der Eigenspannungen eine immer größere Rolle, da sie sich den Spannungen infolge äußerer Beanspruchung überlagern. Eigenspannungen können vorteilhafte und nachteilige Auswirkungen bei der Betriebsbeanspruchung von Konstruktionen und Bauteilen haben. Einerseits ist in einer Reihe von Fällen der technologische Prozeß so zu gestalten, daß im Werkstoff gezielt Eigenspannungen erzielt werden. Als Beispiel seien Schrumpfverbindungen und der Spannbeton genannt, wo Vor- bzw. Eigenspannungen neue technische Lösungen erschlossen haben. Andererseits ist aber durch die Anwendung von Stählen mit erhöhter Festigkeit den Eigenspannungen eine erhöhte Beachtung zu schenken, da bei diesen Werkstoffen die Möglichkeit des Abbaus von Spannungskonzentrationen — auch infolge von Eigenspannungen — relativ beschränkt oder gar nicht gegeben ist. Eine Reihe von auftretenden Schadensfällen in der Praxis wie Sprödbrüche, Härterisse, Spannungsrißkorrosion und Lötbrüchigkeit zeigt, daß Eigenspannungen vielfach noch ungenügend berücksichtigt werden [1] [2].

Die Definition der Eigenspannungen ist eng mit der Entwicklung der Meßmethoden und ihrer Anwendung für spezielle Werkstoffgruppen verbunden. Allgemein kann man die Eigenspannungen im Hinblick auf die Entstehung wie folgt definieren:

Eigenspannungen sind Spannungen in einem Bauteil, das sich im Temperaturgleichgewicht befindet und auf das keine äußere Beanspruchung einwirkt. Die mit den Eigenspannungen verbundenen inneren Kräfte bzw. Momente sind im mechanischen Gleichgewicht. Eigenspannungen infolge von Temperaturunterschieden werden analog zur Lastbeanspruchung betrachtet.

Diese Definition ist in erster Linie auf metallische Werkstoffe zugeschnitten. Bei Plastwerkstoffen rückt aber ebenfalls die Beachtung der Eigenspannungen immer mehr in den Vordergrund des Interesses. Zwar sind die Eigenspannungen in Hochpolymeren um etwa 1 bis 2 Größenordnungen niedriger als in Metallen, dafür liegen die Festigkeitskennwerte und die E-Moduln aber auch entsprechend niedriger [3]. In *dem* Maße werden die energieelastischen Eigenspannungen von den entropieelastischen Orientierungen unterschieden, wie auch anstelle der Spannungsoptik andere Verfahren der Eigenspannungsanalyse bei Hochpolymeren eingesetzt werden.

2. Einteilung der Eigenspannungen

Die Ausbildung von Eigenspannungen ist mit Deformationen verbunden, die sich aus verschiedenen Gründen einstellen können. Nach der *Entstehung* können die Eigenspannungen wie folgt eingeteilt werden:

— *Thermische Eigenspannungen bzw. Wärmeeigenspannungen*
  Thermische Eigenspannungen entstehen bei hinreichend schneller Abkühlung durch unterschiedliche Verformungen in verschiedenen Querschnittsbereichen, bedingt durch Temperaturunterschiede zwischen Kern und Rand. Abb. 1 zeigt den Temperaturverlauf von Rand und Kern in einem isotropen und umwandlungsfreien Zylinder. Der Rand kühlt zunächst schneller ab als der Kern, so daß am Rand Zug- und im Kern Druckeigenspannungen entstehen. Die Spannungen nehmen bei der Abkühlung ständig zu und erreichen ein Maximum bei der größten Temperaturdifferenz von Rand und Kern. Die Spannungen gehen am Ende der Abkühlung auf Null zurück, wenn keine plastischen Verformungen auftreten (Kurve 1). Praktisch wird aber die Warmstreckgrenze des Werkstoffs überschritten, so daß es zur Ausbildung von Eigenspannungen nach dem Abkühlen kommt (Kurve 3). Die plastische Verformung beginnt im Randbereich und ist nach Überschreiten des Maximums beendet. Mit zunehmendem Temperaturausgleich von Kern und Rand verringern sich die Zugspannungen im Rand und die Druckspannungen im Kern, bis eine Spannungsumkehr eintritt, nachdem zum Zeitpunkt t_u die Probe spannungsfrei war. Nach der Spannungsumkehr schrumpft vor allem noch der Kern. Am Ende der Abkühlung liegen somit am Rande Druck- und im Kern Zugeigenspannungen vor [4]. Bei hoher Anfangstemperatur und schneller Abkühlung tritt am Ende erneut das Überschreiten der Fließgrenze vor allem am Rande auf.

— *Verformungseigenspannungen* entstehen durch inhomogene Verformung infolge äußerer Kräfte.

— *Umwandlungseigenspannungen* entstehen durch inhomogene bzw. ungleichzeitige Gefügeumwandlung, die mit einem Volumeneffekt verbunden ist (z.B. γ-α-Umwandlung).

— *Ausscheidungseigenspannungen* entstehen durch die mit Ausscheidungen im Gitter hervorgerufenen Verzerrungen.

Die hier genannten Eigenspannungen überlagern sich meist, z.B. treten bei der Abkühlung meist auch Phasenumwandlungen und Ausscheidungen auf. Man kann sie auch durch die Meßmethoden nicht trennen, sondern ihre Anteile nur abschätzen (z.B. aus ZTU-Schaubildern) [4].

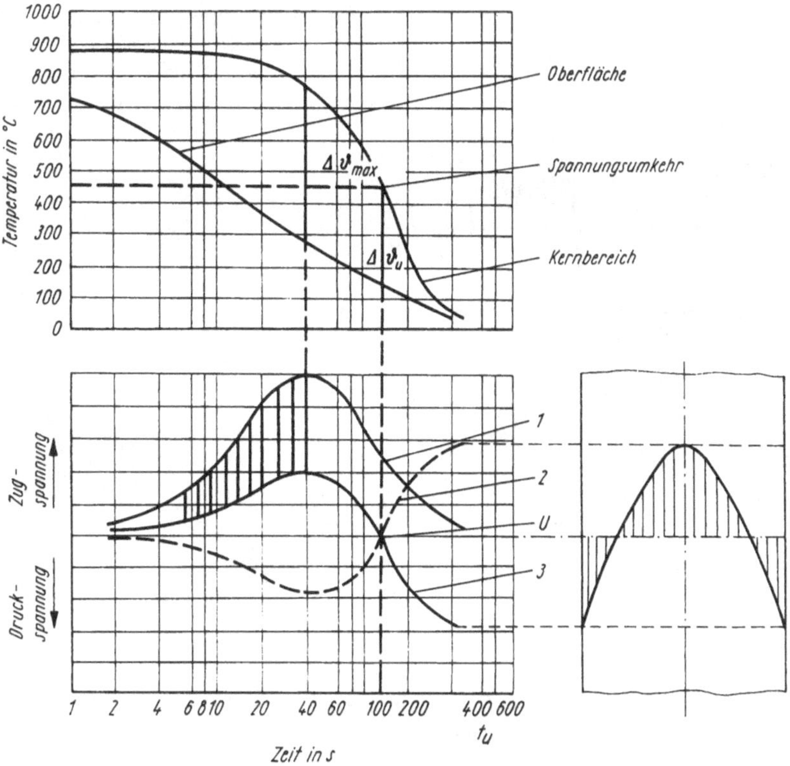

Abb. 1. Zur Ausbildung thermischer Eigenspannungen in einem zylindrischen Körper bei Abkühlung ohne Phasenumwandlung (nach [33])

1, *3* Randbereich, *2* Kernbereich, *U* Spannungsumkehr

Häufig findet man eine Einteilung nach der *Reichweite*, die insbesondere für die festkörperphysikalische Deutung der Eigenspannungen in Metallen von Interesse ist und die auf G. Masing zurückgeführt wird (Abb. 2).

Eigenspannungen I. Art sind über makroskopische Bereiche, d.h. bei polykristallinen Werkstoffen über mehrere Körner hinweg nahezu homogen. Man bezeichnet sie auch als Makroeigenspannungen, und ihr Auslösen durch ein Zerlegen des Bauteils ist mit makroskopischen Formänderungen verbunden.

Eigenspannungen II. Art sind über kleine Werkstoffbereiche, d.h. bei polykristallinen Werkstoffen über ein einzelnes Korn nahezu homogen. Sie werden auch als homogene Mikroeigenspannungen bezeichnet, und ihr Auslösen *kann* makroskopische Formänderungen zur Folge haben.

Eigenspannungen III. Art sind über kleinste Werkstoffbereiche, d.h. wenige Atomabstände inhomogen verteilt. Sie werden auch als inhomogene Mikroeigenspannungen bezeichnet. Derartige Eigenspannungen rufen Gitterfehler wie Fremdatome, Versetzungen oder Korngrenzen bzw. Phasengrenzen hervor.

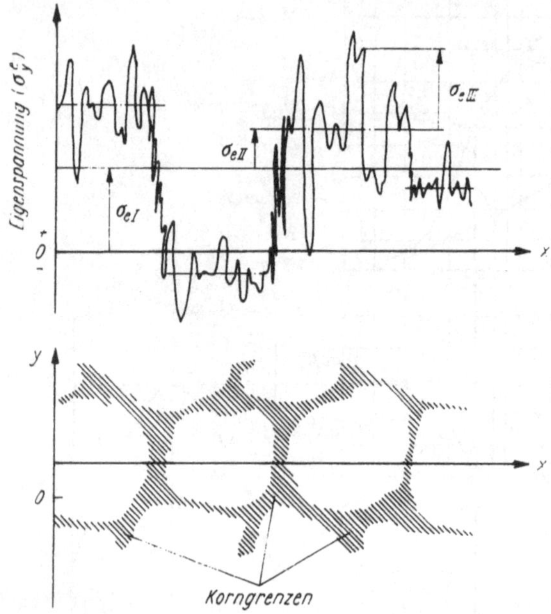

Abb. 2. Schematische Verteilung von Eigenspannungen I., II. und III. Art längs der Oberfläche im kristallinen Metallgefüge (nach [31])

In der Umgebung einer Stufenversetzung läßt sich (nach A. SEEGER in [5] [34]) entsprechend Abbildung 3 unter Zugrundelegung eines ebenen Dehnungszustandes der Spannungszustand wie folgt angeben:

$$\sigma_r = \sigma_\vartheta = -\frac{bG\sin\vartheta}{2\pi(1-\nu)r} \tag{1}$$

$$\tau_r\vartheta = \frac{bG\cos\vartheta}{2\pi\,(1-\nu)r} \tag{2}$$

Die Spannungen nehmen mit $\frac{1}{r}$ vom Zentrum der Versetzung ab. Für die in Bild 3b angegebenen Elemente ergibt sich:

In der Gleitebene ($\vartheta = 0°$) ändert die Normalspannung ihr Vorzeichen. Die

Schubspannungen erreichen in der Gleitebene einen Höchstwert und ändern bei 90° bzw. 270° ihr Vorzeichen. Bei diesen Betrachtungen bleibt ein Zylinder um die eigentliche Versetzungslinie mit einigen wenigen Atomabständen Durchmesser unberücksichtigt, da in diesem Gebiet die Spannungsverteilung mit der Kontinuumsmechanik nicht beschrieben werden kann. Die Spannungen würden in der Versetzungslinie unendlich groß werden.

[1] $\vartheta = 0°$

$$\sigma_r = \sigma_\vartheta = 0; \qquad \tau_{r\vartheta} = \frac{bG}{2\,\pi(1-\nu)r} \tag{3}$$

[2] $\vartheta = 90°$

$$\sigma_r = \sigma_\vartheta = \frac{-bG}{2\pi\,(1-\nu)r}; \qquad \tau_{r\vartheta} = 0 \tag{4}$$

[3] $\vartheta = 180°$

$$\sigma_r = \sigma_\vartheta = 0; \qquad \tau_{r\vartheta} = \frac{-bG}{2\pi\,(1-\nu)r} \tag{5}$$

[4] $\vartheta = 270°$

$$\sigma_r = \sigma_\vartheta = \frac{bG}{2\pi\,(1-\nu)r}; \qquad \tau_{\vartheta r} = 0 \tag{6}$$

Hierbei bedeuten: G — Gleitmodul
ν — POISSONsche Konstante
ϑ, r — Polarkoordinaten des Elements
b — Burgers-Vektor

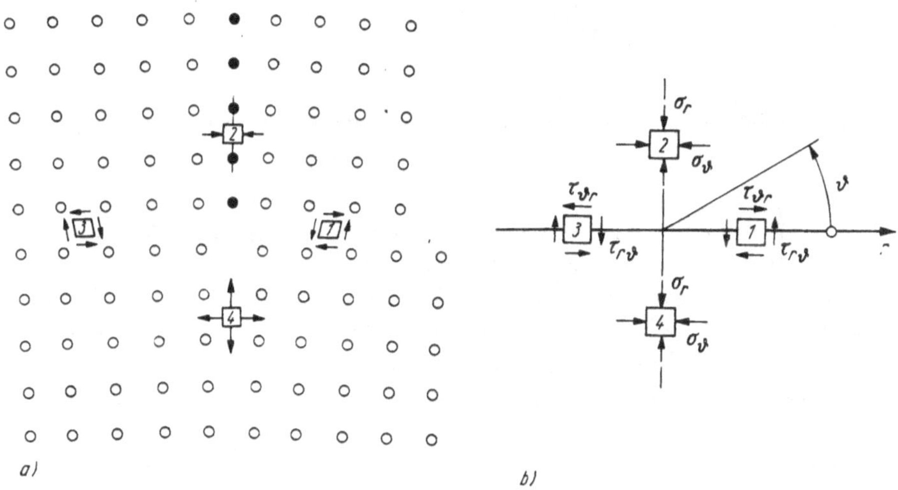

Abb. 3a) Ebene Darstellung eines Kristalls mit einer Stufenversetzung. b) Spannungen des Spannungsfeldes der Versetzung in den Hauptrichtungen (nach [34])

Beim Zerlegen des Bauteils rufen Eigenspannungen III. Art *keine* makroskopischen Verformungen hervor. Abb. 4 zeigt die Ausbildung von Eigenspan-

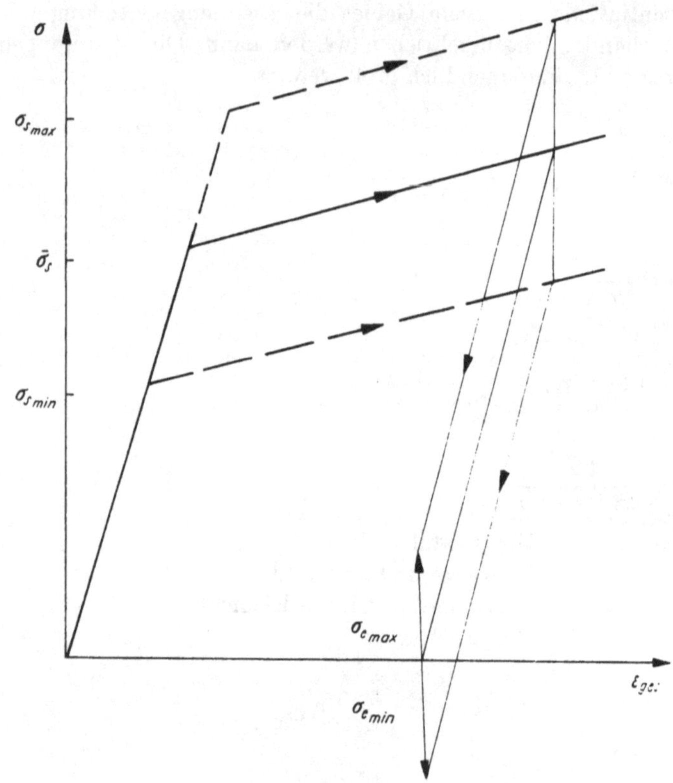

Abb. 4. Ausbildung von Eigenspannungen II. Art infolge Streckgrenzenanisotropie (nach [12])

nungen II. Art infolge der Streckgrenzenanisotropie. Hierzu werden verschieden orientierte elastisch isotrope Kristallite mit den Streckgrenzen $\sigma_{s_1} \neq \sigma_{s_2} \neq \sigma_{sn}$ im Kristallverband des Werkstoffs betrachtet. Bei wachsender Belastung beginnt zunächst der Kristallit mit der kleinsten Streckgrenze $\sigma_{s_{\min}}$ mit Fließen, bis schließlich auch der Kristallit mit der größten Streckgrenze $\sigma_{s_{\max}}$ sich plastisch verformt. Gegenüber einer durchschnittlichen Gesamtdehnung des Werkstoffs ist der Kristallit mit $\sigma_{s_{\min}}$ stärker, der Kristallit mit $\sigma_{s_{\max}}$ weniger bleibend verformt als die übrigen Kristallite des Kristallhaufwerks. Nach Entlastung wird deshalb der Kristallit mit $\sigma_{s_{\min}}$ unter Druckeigenspannungen, der Kristallit mit $\sigma_{s_{\max}}$ unter Zugeigenspannungen stehen.

In ähnlicher Weise können Eigenspannungen II. Art auf Grund unterschiedlicher Ausdehnungskoeffizienten der Körner in mehrphasigen Werkstoffen entstehen. Nimmt man an, daß die Phase A im betrachteten Temperaturintervall einen größeren thermischen Ausdehnungskoeffizienten α_A als die Phase B mit α_B hat und bei einer Temperatur ϑ_0 die Phasen spannungsfrei zusammenhängen, so hat nach einer Abkühlung auf $\vartheta_1 < \vartheta_0$ die Phase A ihr Volumen stärker verringert als Phase B. Da die Phasen längs Korn- bzw. Phasengrenzen zusammenhängen, bilden sich in Phase A Zugeigenspannungen, in Phase B Druckeigenspannungen aus.

Wie aus Abb. 2 bereits ersichtlich, wirken Eigenspannungen I. bis III. Art zusammen [6]. Eigenspannungen I. und II. Art können als Mittelwerte über die entsprechenden Werkstoffbereiche angesehen werden. Zum Beispiel schwanken Eigenspannungen II. Art um den Mittelwert der Eigenspannungen I. Art. Es erweist sich als zweckmäßig, nur zwischen Makro- und Mikroeigenspannungen zu unterscheiden, wobei die Makroeigenspannungen im Geltungsbereich der Kontinuumsmechanik liegen.

Einem weiteren Einteilungsprinzip liegt der technologische Prozeß zugrunde, in dem sie entstehen. Aber auch hier treten Überlagerungen auf, denn am Ende des technologischen Prozesses liegen Eigenspannungen vor, die in unterschiedlichen Phasen der Festigung entstanden, so z.B. Eigenspannungen in geschweißten und anschließend sandgestrahlten Gußgehäusen.

3. Messung der Eigenspannungen

Zweckmäßig ist eine Zuordnung zu dem Meßverfahren, mit dem sie ermittelt werden, da die einzelnen Meßverfahren unterschiedliche Arten der Eigenspannungen bzw. deren Überlagerung im Hinblick auf ihre Einteilung nach der Reichweite erfassen. Eigenspannungen werden meist nicht direkt, sondern aus den mit ihnen verbundenen Verformungen unter Zugrundelegung theoretischer Annahmen berechnet. So müssen die elastischen Konstanten bekannt sein.

Für metallische Werkstoffe finden in der Praxis meist die zerstörenden Zerlege- bzw. Abtragmethoden und die zerstörungsfreie röntgenographische Methode Anwendung. Bei den Zerlege- bzw. Abtragverfahren werden durch schrittweises Entfernen von Teilen des Werkstücks die inneren Spannungen sukzessiv ausgelöst und die dabei auftretenden Verformungen gemessen. Als Meßaufnehmer der Verformungen dienen meist Dehnmeßstreifen. Die zerstörenden Verfahren haben den Vorteil, auch Eigenspannungen im Innern der Bauteile erfassen und die gemessenen Formänderungen in Makrospannungen umrechnen zu können, die mit den Spannungen infolge äußerer Belastung korrespondieren.

Als Beispiel sei die von uns angewandte Abtragmethode beim Ausbohren zur Bestimmung des vollständigen Eigenspannungszustands in Rohren erwähnt. Aus Messungen der Formänderungen in Längsrichtung (ε_l) und tangential (ε_t) zum Rohr können unter Zugrundelegung der Differentialgleichungen (7), (8),

(9) nach SACHS für einen isotropen zylindrischen Körper die Längs-, Tangential- und Radialspannungen über den Querschnitt des Rohrs angegeben werden [7]:

$$\sigma_l = E'\left[(A_1 - A)\frac{d\Lambda}{dA}\Lambda\right] \tag{7}$$

$$\sigma_t = E'\left[(A_1 - A)\frac{d\Theta}{dA} - \frac{A_1 + A}{2A}\Theta\right] \tag{8}$$

$$\sigma_r = E'\frac{A_1 - A}{2A}\Theta \tag{9}$$

mit

$$\Lambda = \varepsilon_l + \nu\varepsilon_t \tag{10}$$

$$\Theta = \varepsilon_t + \nu\varepsilon_l \tag{11}$$

$$E' = \frac{E}{1 - \nu^2} \tag{12}$$

ε_l Längsformänderung
ε_t Tangentialformänderung
A_1 Gesamtquerschnitt
A laufende Querschnittskoordinate
ν POISSONsche Zahl
E Elastizitätsmodul

Diese Methode wurde so variiert, daß nach Umwandlung der SACHSschen Gleichungen in Differenzenform die Längs- und Tangentialformänderungen graphisch über die Rohrwanddicke aufgetragen werden [38] [40].

Die Differenzengleichungen lauten:

$$\sigma_l = E'\left[\frac{N - n}{2}(\Lambda_{n+1} - \Lambda_{n-1}) - \Lambda_n\right] \tag{13}$$

$$\sigma_t = E'\left[\frac{N - n}{2}(\Theta_{n+1} - \Theta_{n-1}) - \frac{N + n}{2n}\Theta_n\right] \tag{14}$$

$$\sigma_r = E'\frac{N - n}{2n}\Theta_n \tag{15}$$

N Anzahl der Teilintervalle
$n = 1, 2, \ldots N$

Eine Interpolation der Meßwerte in 10 gleiche Abstände über der Dicke dient der Spannungsermittlung über den Querschnitt, wobei die Methode der kleinsten Quadrate zugrunde gelegt ist. Da die Meßstreifen auf die Mantelfläche des Rohres geklebt werden, kann eine Zerspanung nicht vollständig erfolgen und ein Restzylinder bleibt bestehen, über dessen Querschnitt folglich keine Meßwerte zu erhalten sind. Diese Werte müssen extrapoliert werden, was ebenso wie die Interpolation über EDV erfolgt (Abb. 5). Die Richtigkeit der Extrapolation wird stichprobenartig durch ein vollständiges Freilegen der Meßstreifen überprüft (Meßwerte am Außenrand).

Weitere in der Praxis angewandte Verfahren sind:

— das einseitige Abtragen oder Aufschlitzen von Stäben und Platten
— das Bohren eines Lochs oder eines Ringkerns in sperrige Bauteile

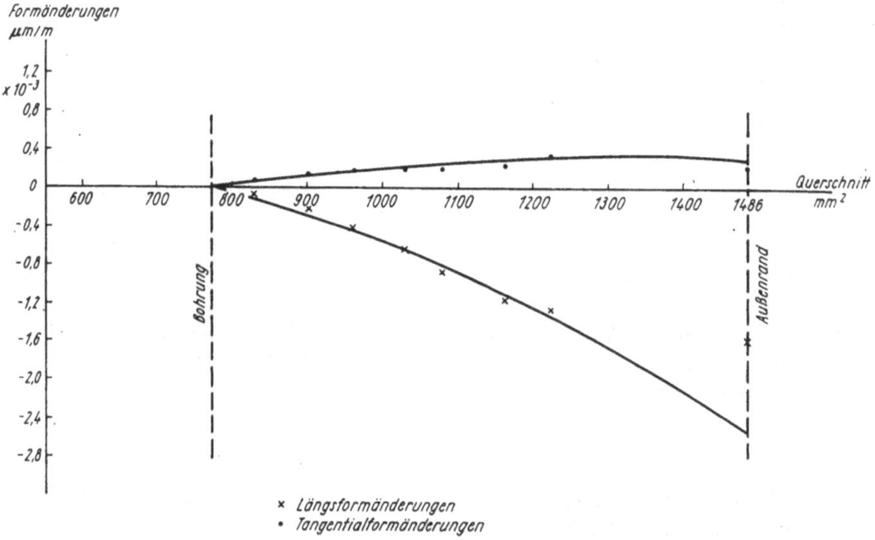

Abb. 5. Längs- und Tangentialformänderungen in einem kaltgepilgerten Rohr, Werkstoff 100 Cr 6

Je nach erfaßtem Volumenbereich durch die Zerlegung, werden mehr oder weniger Eigenspannungen freigelegt und durch unterschiedliche Verfahren auch unterschiedliche Werte ermittelt. Die Zerlegung ist technologisch so durchzuführen, daß keine neuen Eigenspannungen entstehen.

Bei der röntgenographischen Spannungsmessung wird die Reflexion monochromatischer Strahlung an einer bestimmten Gitterebene ausgenutzt (Abb. 6). Bei einer Änderung des Netzebenenabstands D_N durch elastische Spannungen ergibt sich auch eine Veränderung des Reflexionswinkels. Für eine Spannungskomponente σ_φ berechnet man die relative Netzebenenabstandsänderung als Dehnung ε in der Richtung φ, ψ zu:

$$\left(\frac{dD_N}{D_N}\right)_{\varphi,\psi} = \varepsilon_{\varphi,\psi} = \frac{\nu + 1}{E}\,\sigma_\varphi \sin^2\psi - \frac{\nu}{E}\,(\sigma_1 + \sigma_2) \tag{16}$$

wobei man die VOIGTschen Symbole für die elastischen Moduln einführt:

$$s_1 = -\frac{\nu}{E} \tag{17}$$

$$\frac{1}{2}\,s_2 = \frac{\nu + 1}{E} \tag{18}$$

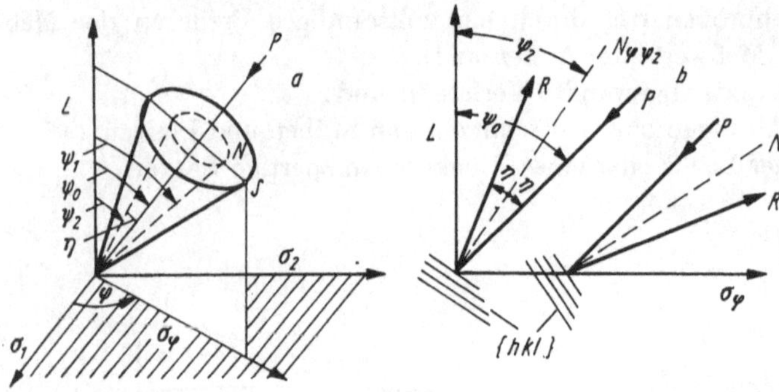

Abb. 6. Röntgenographische Dehnungsmessung zur Ermittlung der Spannungskomponente (nach [11])
Bildlegende
P einfallender und R reflektierter Röntgenstrahl; S Interferenzkegel, bei verspannten Proben unsymmetrisch verzerrt; N Normalkegel mit Öffnungswinkel η: auf diesem Kegel liegen die Normalen aller Kristallite, die zur Interferenz (hkl) beitragen können; φ Azimutwinkel; σ_1, σ_2 Hauptspannungen; ψ Winkel zwischen Oberflächenlot L und Normalenkegel in einer durch φ bestimmten Ebene

Bei konstantem Azimutwinkel φ besteht ein linearer Zusammenhang für die Funktion $\varepsilon_{\varphi,\psi} = f(\sin^2\psi)$, aus deren Anstieg σ_ψ ermittelt werden kann. Praktisch werden dafür 4 verschiedene ψ-Winkel gewählt.

Werden die Dehnungsverteilungen bei verschiedenen Azimutwinkeln $\varphi, \varphi + 45°$, $\varphi + 90°$ ermittelt, so kann ein Spannungszustand nach Betrag und Richtung seiner Hauptspannungen vollständig analysiert werden.

Die Zuordnung von Linienverschiebung, die auf einem ebenen Röntgenfilm registriert wird, erfolgt über eine Eichstoffsubstanz (z. B. aufgestrichenes Silberpulver), mit der die geometrische Anordnung der Aufnahme erfaßt wird. Während die Planfilmmethode für sperrige Teile eingesetzt wird, zieht man für Proben und kleine Bauteile die Registrierung mit dem Diffraktometerverfahren mittels Goniometer vor.

Für die Untersuchung großer Bauteile wurde ein mittelpunktfreies Goniometer entwickelt [11].

Die früher vielfach vertretene Ansicht, daß Eigenspannungen I. Art nur Linienverschiebungen und Eigenspannungen II. Art nur Linienverbreiterungen zur Folge haben, ist irreführend, da nach heutiger Erkenntnis gesichert ist, daß auch Eigenspannungen II. Art zur Linienverschiebung beitragen [12]. Selbst Stapelfehler können Interferenzlinienverschiebungen bewirken [13]. Da die röntgenographische Spannungsmessung aber bisher im allgemeinen nur an einer Phase (bei Stahl Ferrit) und bei dieser auch nur wieder an bestimmten reflexionsfähigen Gitterebenen erfolgt, sind andere Moduln zur Beschreibung des Zusammenhangs zwischen Spannungen und Dehnungen als bei Betrachtung des gesamten Vielkristallverbands zugrunde zu legen, nämlich die röntgenographischen elastischen Konstanten $-s_1$ und $^1/_2 s_2$, die den Anisotropie- und Gefügeeinfluß berücksichtigen.

Bei Eigenspannungen infolge plastischer Verformung spielt auch die gewählte reflektierende Netzebene für die Eigenspannungswerte eine Rolle, je nachdem, ob sie Gleitebene ist oder nicht [14]. Damit wird deutlich, daß die röntgenographisch ermittelten Eigenspannungswerte nicht einfach mit den Eigenspannungswerten vergleichbar sind, die mechanisch durch Zerlegungen gemessen werden.

4. *Bewertung von Eigenspannungen*

Bei der Bewertung von Eigenspannungen ist davon auszugehen, daß sich Makroeigenspannungen den durch äußere Kraft bedingten Spannungen linear überlagern.

Bauteile mit einachsigen Eigenspannungen erfahren größere Dehnungen als eigenspannungsfreie Bauteile, da schon bei niedrigen Belastungen plastische Verformungen eintreten.

Allgemein ist zu beachten, daß die Eigenspannungen die Werte des Zugversuchs verändern. Nimmt man eine Eigenspannungsverteilung nach Abb. 7 an (Eigenspannungen im Rundstab nach dem Ziehen mit mittlerer Querschnitts-

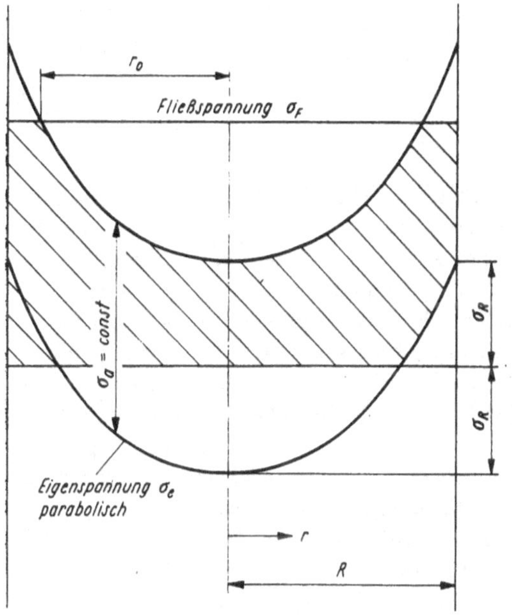

Abb. 7. Modell des Spannungszustands beim Zugversuch in einem Rundstab mit Eigenspannungen (nach [16])

abnahme) [15] [16] [17], so kann der parabolische Verlauf wie folgt beschrieben werden:

$$\sigma_e = -\sigma_R + 2\sigma_R \left(\frac{r}{R}\right)^2 \tag{19}$$

wobei σ_R die Eigenspannung am Rande ist.

Wird nun eine von außen angelegte Spannung σ_a überlagert, so ergibt sich

$$\sigma = \sigma_e + \sigma_a = -\sigma_R + 2\sigma_R \left(\frac{r}{R}\right)^2 + \sigma_a \tag{20}$$

Wird angenommen, daß bei $r = r_0$ $\sigma = \sigma_F$ wird, so folgt

$$\frac{r_0}{R} = \sqrt{\frac{1}{2}\left(1 + \frac{\sigma_F}{\sigma_R} - \frac{\sigma_a}{\sigma_R}\right)} \tag{21}$$

Wird ideal plastisches Fließen am Stabrand vorausgesetzt, so ergibt sich die in Abb. 7 schraffierte Spannungsverteilung mit der mittleren Gesamtspannung

$$\bar{\sigma} = \frac{1}{R^2\pi}\left[\sigma_F\,(R^2 - r_0^2)\,\pi + \int\limits_0^{r_0} \sigma 2r\pi dr\right] \tag{22}$$

Durch Kombination der Gln. (21) und (22) folgt unter Beachtung der Beziehung

$$\frac{\sigma_a}{\sigma_F} = \frac{\varepsilon_a}{\varepsilon_F} \tag{23}$$

$$\frac{\bar{\sigma}}{\sigma_F} = 1 - \frac{1}{4\frac{\sigma_R}{\sigma_F}}\left(1 + \frac{\sigma_R}{\sigma_F} - \frac{\varepsilon_a}{\varepsilon_F}\right)^2 \tag{24}$$

Die grafische Darstellung der auf die Fließgrenze σ_F normierten mittleren Spannung $\bar{\sigma}$ als Funktion der Dehnung infolge äußerer Last, bezogen auf die Dehnung ε_F an der Fließgrenze, zeigt Abb. 8, wobei die auf die Fließgrenze bezogene Randeigenspannung σ_R Kurvenparameter ist. Es ist zu erkennen, daß der vollplastische Zustand mit höheren Eigenspannungen erst bei einer höheren Dehnung erreicht wird. Bei einer Randeigenspannung in Höhe der Streckgrenze tritt der vollplastische Zustand (ideales Fließen, d.h. horizontaler Kurvenverlauf) erst bei $\varepsilon_a = 2\varepsilon_F$ auf [18] [19]. Die technische Streckgrenze z.B. mit einer definierten plastischen Dehnung von $\varepsilon_{pl} = \varepsilon_a - \varepsilon_F = 0{,}002$ liegt um so niedriger, je höher die Eigenspannungen sind. Die Eigenspannungen wirken sich um so mehr aus, je kleiner die bleibende Dehnung ist.

Ein umgekehrter Eigenspannungszustand als der in Abb. 7 dargestellte hat die gleiche Verminderung der Streckgrenze zur Folge. Es sei betont, daß hier diese Betrachtungen nur für eine einachsige Eigenspannungsverteilung gelten.

Untersuchungen an gewalzten Doppel-T-Profilen ergaben, daß durch Eigenspannungen auch ein deutlicher Abfall der Knicklasten auftritt [21]. Durch

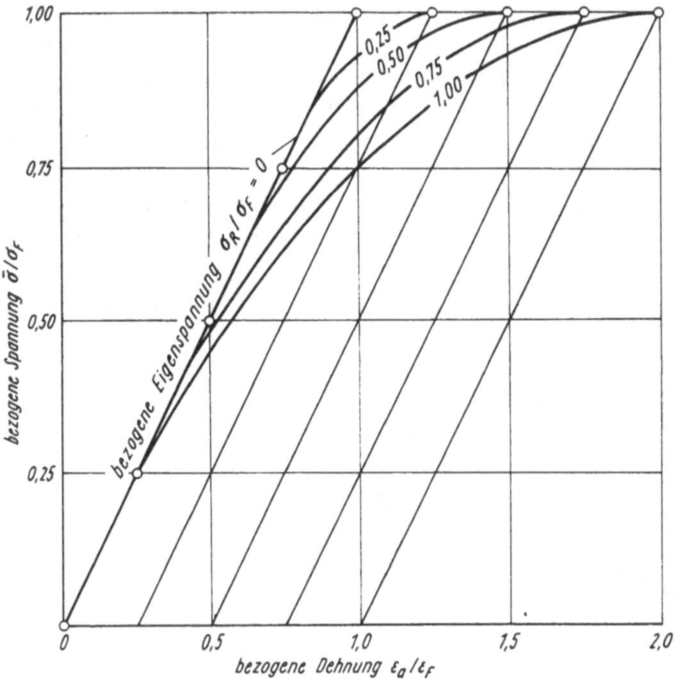

Abb. 8. Einfluß von Eigenspannungen auf die Spannungs-Dehnungs-Kurve (nach [16])

eine gezielte Glühtechnologie kann dieser Einfluß gemindert oder gar ins Gegenteil umgekehrt werden, wenn die Eigenspannungen in bestimmten Querschnitten so erzeugt werden, daß diese den äußeren Spannungen entgegengesetzt sind (z.B. durch intensive Kühlung der Flansche nach dem Walzen, da diese eine größere Dicke als die Stegwand haben [20]).

Oft treten in Bauteilen mehrachsige Eigenspannungszustände auf und erreichen dort relativ hohe Werte. Tab. 1 zeigt die Zunahme der Fließgrenze

Tabelle 1
Fließgrenzenerhöhung in Abhängigkeit vom Verhältnis der Hauptspannungen (nach [21])

$\alpha = \beta$	0,1	0,2	0,3	0,4	0,5	0,6	0,7	0,8	0,9
σ_{F*}/σ_F	1,11	1,25	1,43	1,67	2,00	2,50	3,33	5,00	10,00

$\sigma_1; \sigma_2 = \alpha \cdot \sigma_1; \sigma_3 = \beta \cdot \sigma_1$

σ_{F*} bei mehrachsigem Spannungszustand (unter Zugrundelegung der Gestaltänderungs-Energie-Hypothese) im Vergleich zur einachsigen Fließgrenze σ_F. Die Trennbruchfestigkeit bleibt annähernd unverändert [21].

Mit zunehmender Mehrachsigkeit nimmt die Duktilität ab, der Werkstoff versprödet. Dieser Einfluß kann durch Kerben noch verstärkt werden. Die

Spannungskonzentration kann in diesem Fall durch ein plastisches Fließen bei hoher Beanspruchung nicht abgebaut werden. Eine Reihe von Schadensfällen infolge Sprödbruchs belegt diesen Sachverhalt. Bei einem Spannungsarmglühen ist zu beachten, daß durch die Wärmebehandlung nicht eine Werkstoffversprödung infolge Gefügeänderung und damit eine Erhöhung der Sprödbruchauslöstemperatur auftritt.

In Schweißkonstruktionen ist oft mit dem Auftreten ausgeprägter Eigenspannungen zu rechnen. Abb. 9 zeigt verschiedene Eigenspannungsverläufe

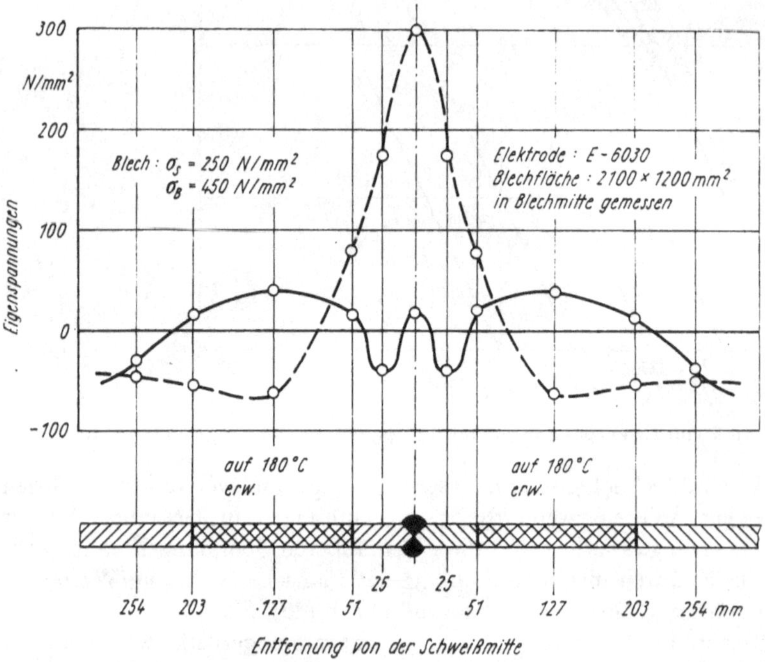

Abb. 9. Längseigenspannungen in einer Schweißnaht und in deren Umgebung vor und nach Entspannen durch örtliche Erwärmung (nach [22])

in der Blechmitte quer zur Naht. Die ausgezogene Kurve gibt den veränderten Eigenspannungsverlauf nach Erwärmung der zu beiden Seiten der Naht liegenden Druckzone mittels eines Gasbrenners bei Temperaturen um 180 °C wieder. Der thermisch bedingte zusätzliche Zwangszustand bewirkt eine plastische Streckung der durch hohe Zugspannung bereits vorbelasteten Schweißnaht. Nach dem Temperaturausgleich sind die Eigenspannungen weitgehend abgebaut bzw. anders verteilt, so daß der Bereich der Schweißnaht nun eine geringe Druckeigenspannung aufweist. Voraussetzung für einen solchen Spannungsabbau ist jedoch eine ausreichende Verformungsfähigkeit des Werkstoffs [22].

Zur Untersuchung von Stählen auf die Neigung, Eigenspannungen aufzubauen, wurde eine technologische Prüfeinrichtung entwickelt, in der Proben simulierte Temperaturzyklen durchlaufen, die den Schweißbedingungen angepaßt sind [23]. Abb. 10 zeigt den prinzipiellen Aufbau der Versuchseinrichtung.

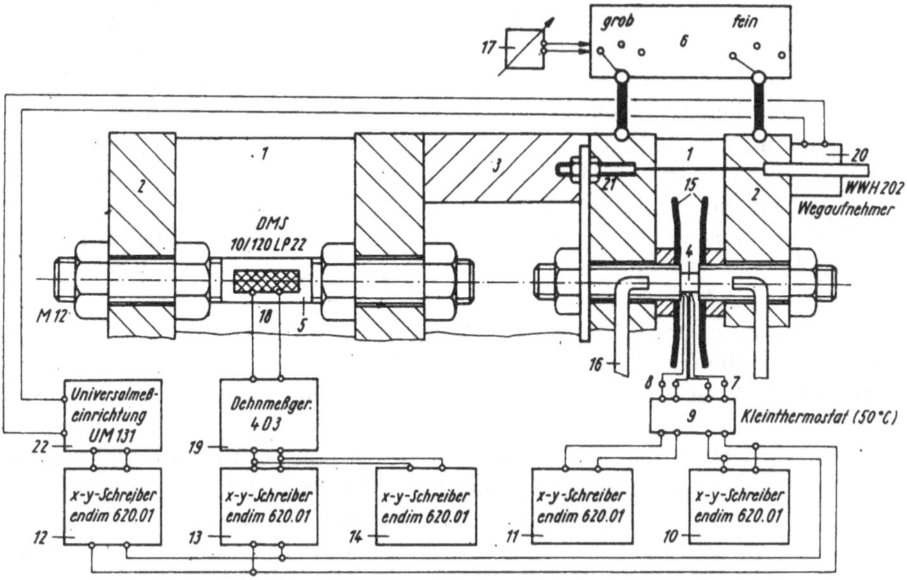

Abb. 10. Versuchseinrichtung zur Untersuchung der Spannungsausbildung in Stählen unter simulierten Schweißwärmezyklen

Auf einer Grundplatte (1) sind beide Seiten der Endplatte (2) starr befestigt. Die rechte Endplatte ist elektrisch isoliert. In der Mitte zwischen den Endplatten befindet sich ein beweglicher Schlitten (3). Die Probe (4) wird zwischen dem Schlitten und der rechten Endplatte fest eingespannt. In diesem Falle erfährt die Probe unterschiedliche Verformungen durch den thermischen Prozeß. Der Fall einer behinderten Verformung wird realisiert, wenn zwischen der linken Endplatte und dem Schlitten ein Bolzen (5) eingespannt wird. Die Einspannung ist, ebenso wie es in der Praxis auftritt, nicht ideal starr, sondern nimmt einen Teil der Wärmedehnungen elastisch auf.

Das Aufheizen erfolgt durch Widerstandserwärmung, indem Ströme bis maximal 2500 A aus dem Hochstromteil eines magnetischen Risseprüfers (6) durch die Probe fließen. Die Temperaturkontrolle erfolgt mittels Thermoelemente, die in der Probenmitte und am Probenrand befestigt sind. Beim Erreichen der Endtemperatur wird der Erwärmungsstrom abgeschaltet. Die Temperaturen von Probenrand und -mitte werden auf x-y-Schreibern registriert. Durch eine intensive Kühlung der inneren Spannmuttern, die mit Spritzblechen versehen sind, sowie der Gewindeschäfte der Proben mit Bohrölemulsion, werden die Wärmedehnungen der Vorrichtung reduziert und das Temperaturfeld auf die vorgegebene Reaktionslänge der Probe konzentriert. Durch das Umschalten nach Maximaltemperatur auf niedrigere Heizstufen, wozu ein Kurbelwiderstand (17) eingeschaltet wird, werden im Temperaturbereich von 850 °C bis 500 °C Abkühlungsgeschwindigkeiten von 200, 20 und 5 K/s realisiert.

Die Spannungsmessung erfolgt über den Bolzen (5), der den Schlitten gegen die Endplatte abstützt. Auf dem Bolzen sind 2 temperaturkompensierte Dehnmeßstreifen befestigt, deren Anzeige unter Beachtung des Bolzenquerschnitts in Spannungen geeicht ist. Zur Messung dient der Trägerfrequenzverstärker 4 D 3. Auf x-y-Schreiber können Spannungs-Zeit-Verläufe (14) und Spannungs-Temperaturzonen (13) dargestellt werden.

Für die Messung der freien und behinderten Dehnung dient ein induktiver Wegaufnehmer (20), der auf der rechten Endplatte fest montiert ist und dessen beweglicher Bolzen (21) mit dem Schlitten (3) verbunden ist.

Die Dehnung wird mit dem Trägerfrequenzverstärker UM 131 gemessen und kann als Dehnungs-Temperaturkurve (12) oder als Dehnungs-Zeit-Verlauf (Schreiber 14 nach Umschalten von Spannungen auf Dehnungen) dargestellt werden.

Die Versuche wurden bei behinderter Verformung sowie als Kombination der freien und behinderten Verformung mit Bildung von Differenzkurven durchgeführt. Diese Kombination gibt Aufschluß über die plastische Verformung in Abhängigkeit von der Temperatur und damit über die Kinetik der plastischen Verformungen.

Für die Ausbildung von Eigenspannungen ist vor allem der Abkühlprozeß von Interesse. Abb. 11 zeigt schematisch den Abkühlvorgang. Es wurden die Spannung σ, die freie Verformung $\Delta\iota_f$ und die behinderte Verformung $\Delta\iota_b$ ermittelt. Die plastische Deformation ist durch $\Delta\iota_p$ gekennzeichnet. Unterhalb 1200 °C bauen sich Spannungen infolge behinderter Verformung auf, die so hoch werden, bis am Ende des Bereichs I die Warmstreckgrenze erreicht ist. Eine plastische Deformation tritt bei Überschreiten der Warmstreckgrenze im Bereich II ein und führt zum Spannungsaufbau, bis der Bereich III erreicht wird, bei dem die γ-α-Umwandlung erfolgt. Dessen Lage wird durch die Abkühlgeschwindigkeit entsprechend dem ZTU-Diagramm zu tieferen Temperaturen verschoben. Die plastische Deformation ist in diesem Umwandlungsbereich erhöht, d.h. Spannungen werden abgebaut. Nach Durchlaufen dieses Bereichs erfolgt der Anschluß an die nun der erreichten Temperatur entsprechende Warmstreckgrenze im Bereich II. Infolge der verringerten Temperatur liegt diese wesentlich höher als bei den vorher durchlaufenen Bereichen, es werden weitere Spannungen aufgebaut.

Es konnten folgende systematische Einflüsse festgestellt werden:

- Mit steigender Abkühlgeschwindigkeit steigen die Spannungen bis zum Beginn der Umwandlung erheblich an.

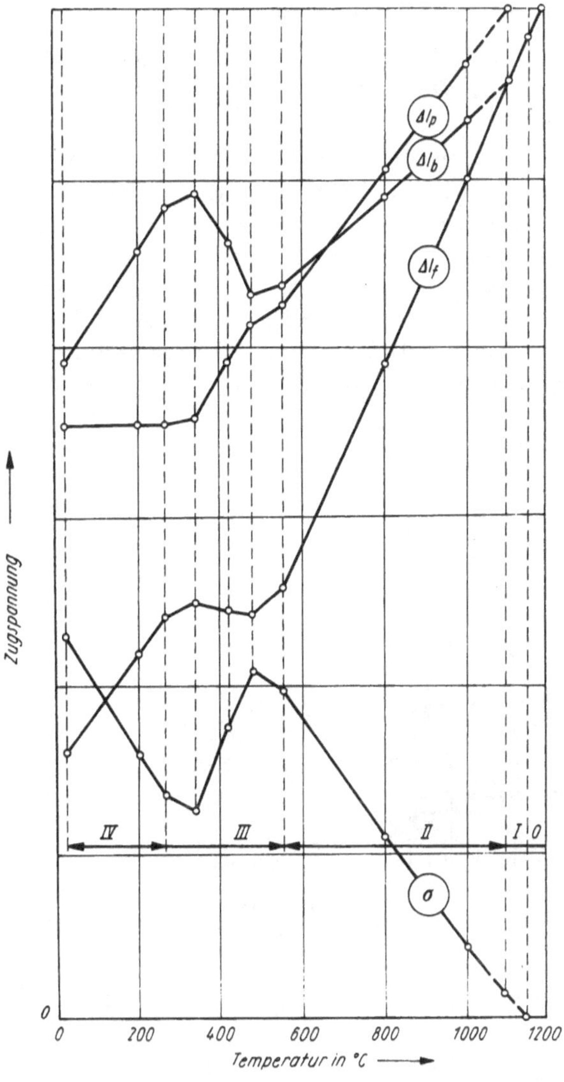

Abb. 11. Schematischer Verlauf der Spannungen und Dehnungen beim Abkühlvorgang

— Die Umwandlung ist zwar einerseits Ursache für die Aufhärtung in den Naht- und Nebenzonen, sie führt aber auch zu einer Spannungsminderung infolge der Umwandlungsplastizität in umgewandelten Gebieten, was sich in der Einsattelung in den Eigenspannungsverläufen in der Mitte der Naht ausdrückt (s. Abb. 9). In den Übergangszonen von der Naht zum Grundwerkstoff werden Spannungsgradienten aufgebaut.

— Günstig für niedrige Eigenspannungen sind

a) ein Umwandlungsbeginn bei niedriger Temperatur, um die Plastizität vor der Umwandlung bis zur möglichst niedrigen Temperatur zu nutzen,
b) eine hohe Umwandlungsplastizität und
c) eine niedrige Lage des Endes der Umwandlung.

Vor allem legierte Stähle verhalten sich infolge ihrer verzögerten Umwandlung günstig, können aber relativ erhöhte Umwandlungsspannungen zeigen. Der umwandlungsfreie Stahl X 8 CrNiMoTi 18.11 zeigt demzufolge auch erwartungsgemäß hohe Eigenspannungen, zumal auch sein Wärmeausdehnungskoeffizient etwa 1,5fach höher liegt als bei un- und niedrig legierten Stählen. Die Anlage erlaubt zwar keine quantitative Übertragung der ermittelten Spannungswerte auf die Eigenspannungen in Schweißkonstruktionen, sie läßt je-

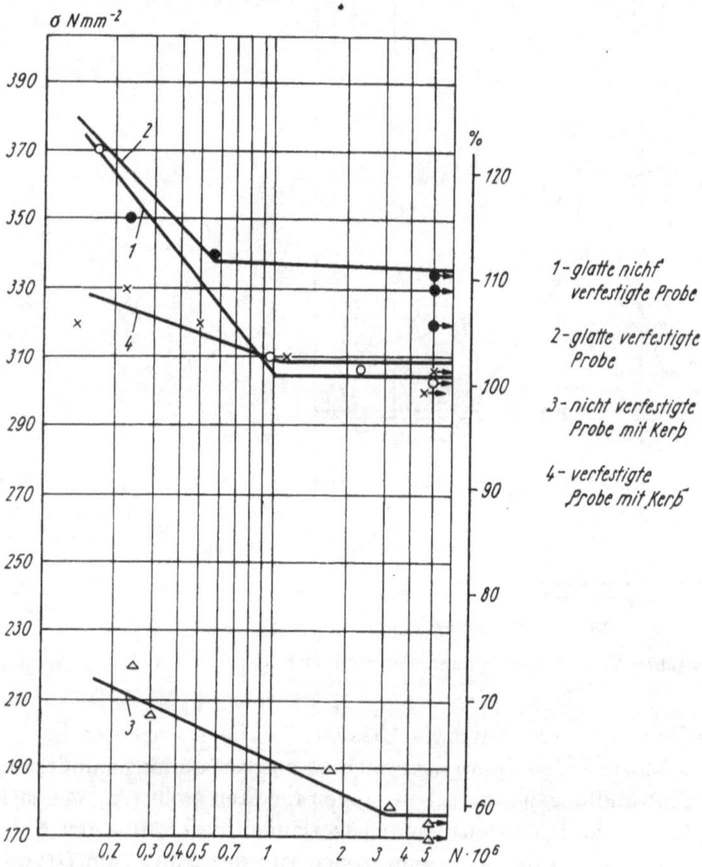

Abb. 12. Zeit- und Dauerfestigkeit von Proben aus 40 Cr 4 (nach [24])

doch eine Vorauswahl der Stähle hinsichtlich ihrer Empfindlichkeit des Aufbaus von Eigenspannungen sowie die Entwicklung und Auswahl günstiger Schweißzusatzwerkstoffe zu.

Ein wesentliches Anwendungsgebiet der gezielten Erzeugung von Eigenspannungen bei dynamisch beanspruchten Teilen ist die Oberflächenverfestigung zur Erhöhung der Gebrauchseigenschaften, vor allem zur Erhöhung der Dauerfestigkeit. Eine häufig benutzte Methode ist das Kugelstrahlen. Neben der Ausbildung günstiger Druckeigenspannungen in einer unterhalb der Oberfläche liegenden Schicht wird die Dauerfestigkeit durch eine Verbesserung der mechanischen Eigenschaften der verfestigten Schicht und durch eine Abrundung von Mikroebenen der Oberfläche erhöht. Im WÖHLER-Diagramm ist deutlich eine beträchtliche Erhöhung der Zeit- und Dauerfestigkeit gegenüber dem nichtverfestigten Zustand zu erkennen, deutlicher bei gekerbten als bei ungekerbten Bauteilen [24] (Abb. 12). Durch die Druckverfestigung ist eine Massereduzierung des Werkstoffs bzw. der Einsatz billiger Werkstoffe möglich.

Härte- und Eigenspannungsmessungen an druckverfestigten Bauteilen sind ein wichtiges Mittel zur Festlegung der optimalen Technologie. Abb. 13 zeigt als Beispiel unsere Untersuchungen zur Eigenspannungsermittlung an Schrau-

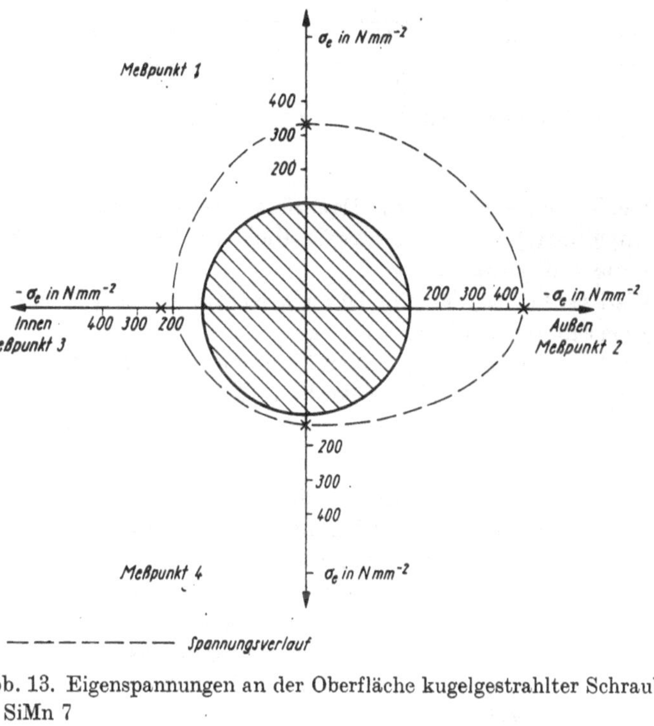

Abb. 13. Eigenspannungen an der Oberfläche kugelgestrahlter Schraubendruckfedern aus 65 SiMn 7

bendruckfedern. Die Verfestigung ist so durchzuführen, daß die maximalen Werte auch an den Stellen höchster Beanspruchung der Feder erzielt werden.

Generell lassen sich folgende Einflüsse für die mechanische Verfestigung der Oberflächen herstellen [25] [26] [27] [28]:

- Die maximalen Druckeigenspannungen an der Oberfläche sind der Festigkeit des Grundwerkstoffs proportional.
- Die Dauerfestigkeit glatter Proben steigt mit der Randhärte bis etwa 400 HV 10 annähernd linear an, weitgehend unabhängig von der Art der Verfestigung (Wärmebehandlung oder Kaltverfestigung) (Abb. 14).

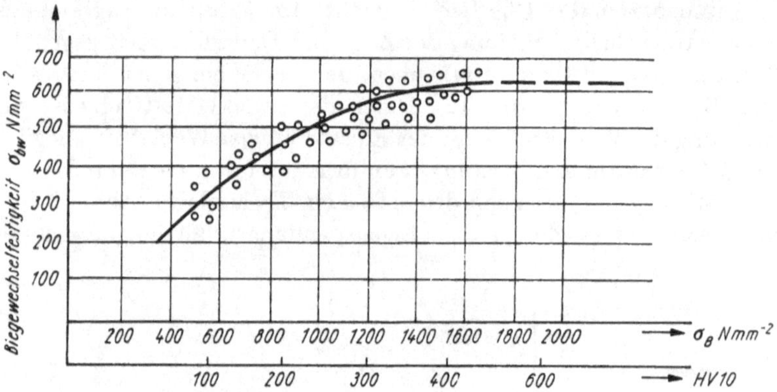

Abb. 14. Biegewechselfestigkeit in Abhängigkeit von der Zugfestigkeit bzw. Härte (nach [25])

- Bei gleicher Oberflächenhärte liegt die Dauerfestigkeit verfestigter Proben höher als bei unverfestigten Proben, was deutlich den Einfluß der Eigenspannungen herausstellt (Abb. 15).
- Bei weichen Werkstoffen werden die Druckeigenspannungen schon nach wenigen Lastwechseln abgebaut und unwirksam.

  Bei weichen Stählen wirkt somit in erster Linie die Erhöhung der Randhärte dauerfestigkeitserhöhend. Bei gekerbten weichen Proben ist der Eigenspannungsabbau durch die Fließbehinderung infolge der Kerbwirkung geringer.

Das gezielte Aufbringen von Belastungen, die ein Fließen in bestimmten Werkstoffbereichen zur Verbesserung der Eigenschaften bewirken (vor allem durch die damit verbundene Ausbildung von Eigenspannungen, die den Lastspannungen entgegengesetzt sind) wird in der Fachliteratur auch als Fließvergütung bezeichnet [29]. Wesentlich ist, daß dieses Fließen nur einmal auftritt, da sonst das Verformungsvermögen durch Verfestigung vermindert wird. Will man die plastische Verformung in bestimmten Bauteilbereichen hervorrufen, so ist auf eine fließgerechte Konstruktion zu achten. Als Beispiel seien hier Membranflachböden stählerner zylindrischer Behälter genannt. Ebene Behälterböden werden zu Membranflachböden umgeformt, die sich durch eine höhere Gestaltfestigkeit in der Membrantragwirkung auszeichnen. Das Aus-

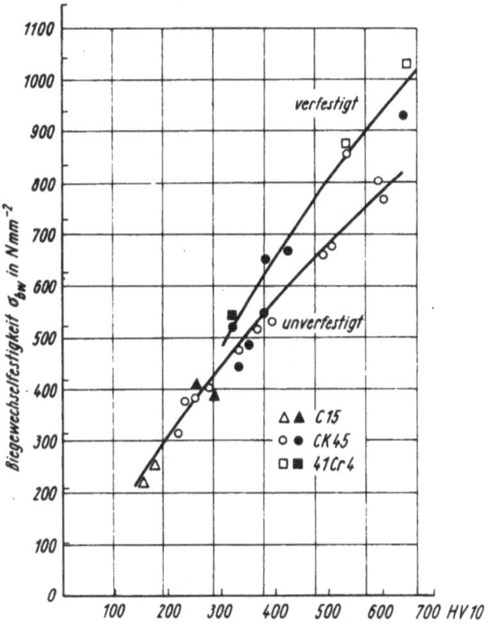

Abb. 15. Verlauf der Biegewechselfestigkeit verfestigter und unverfestigter Proben in Abhängigkeit von der Randhärte (nach [26])

wölben kann während der Innendruck-Erstbelastung erfolgen, so daß kein besonderer Aufwand für das Aufwölben anfällt. Der Fließbereich im Randring ist konstruktiv besonders zu gestalten. Beim Fließen werden auch ungünstige Zugeigenspannungen abgebaut und ein günstiger Eigenspannungszustand so aufgebaut, daß Biegespannungsspitzen gemindert werden. Eine quantitative Betrachtung der Eigenspannungen steht auch in diesem Falle noch aus.

In explosivverformten Kesselböden z.B. wurden die Eigenspannungen in die Berechnung der Beanspruchung quantitativ einbezogen. Die Eigenspannungsverteilung konnte durch mehrstufiges Umformen günstig gestaltet werden [30].

Das Traglastverfahren im Stahlbau kann als eine systematische Nutzung der plastischen Verformung in Teilbereichen und zur gezielten Beeinflussung des Eigenspannungszustands angesehen werden. Ungünstig ist hier aber das unkontrollierte Auftreten der Fließspannung während des Betriebes. Besser erscheint die in letzter Zeit diskutierte einmalige Überlastung vor Inbetriebnahme der Anlagen.

Generell kann eingeschätzt werden, daß die Auswertung der experimentellen Eigenspannungsanalyse heute in erster Linie zur Optimierung der Technologie erfolgt [36]. Als Beispiel sollen die von uns durchgeführten Untersuchungen an kaltgepilgerten Rohren aus dem Werkstoff 100 Cr 6 genannt werden [35]. Hier bestand das Problem, die Einflüsse der technologischen Parameter des Kaltpilgerns auf die Ausbildung von Eigenspannungen zu untersuchen, da die Eigenspannungen im Verlauf der Weiterverarbeitung der Rohre zu Wälzlagerringen Verzug hervorrufen. Ausgehend von den Fertigungsplänen wurden die Verformungsbedingungen

— Außendurchmesserabnahme
— Wanddickenabnahme
— Vorschub
— freie Reduktion

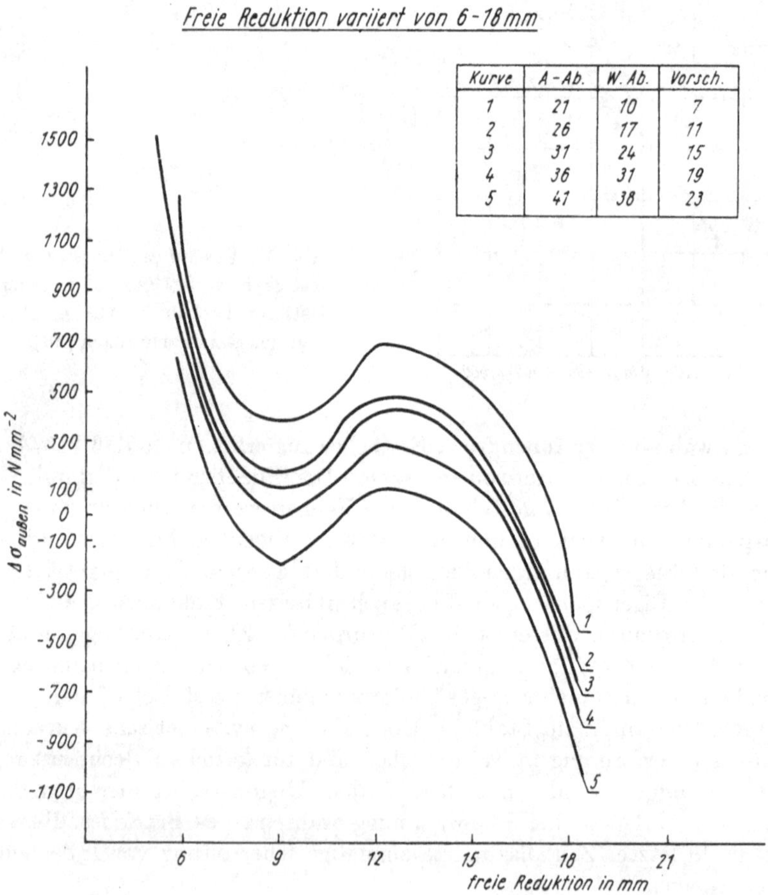

Abb. 16. Einfluß der freien Reduktion beim Kaltpilgern auf die Ausbildung von Tangentialeigenspannungen

variiert. Die Eigenspannungen wurden in Rohren untersucht, die aufgrund einer orthogonalen Versuchsplanung der unterschiedlichen technologischen Varianten ausgesetzt waren. Die Eigenspannungen für Rohraußenwand, Rohrmitte und Rohrinnenwand wurden mittels Regressionsgleichungen ausgewertet. Es zeigte sich, daß die freie Reduktion den überragenden Einfluß auf die Tangentialeigenspannungen am Rohrmantel ausübt, die in erster Linie für den Verzug verantwortlich sind. Die freie Reduktion im Bereich von 7 bis 25 mm ist anzustreben, da hier eine Spannungsumkehr (Abb. 16) eintritt. Längseigenspannungen werden mit großer Durchmesser- und geringer Wanddickenabnahme vermindert (Abb. 17).

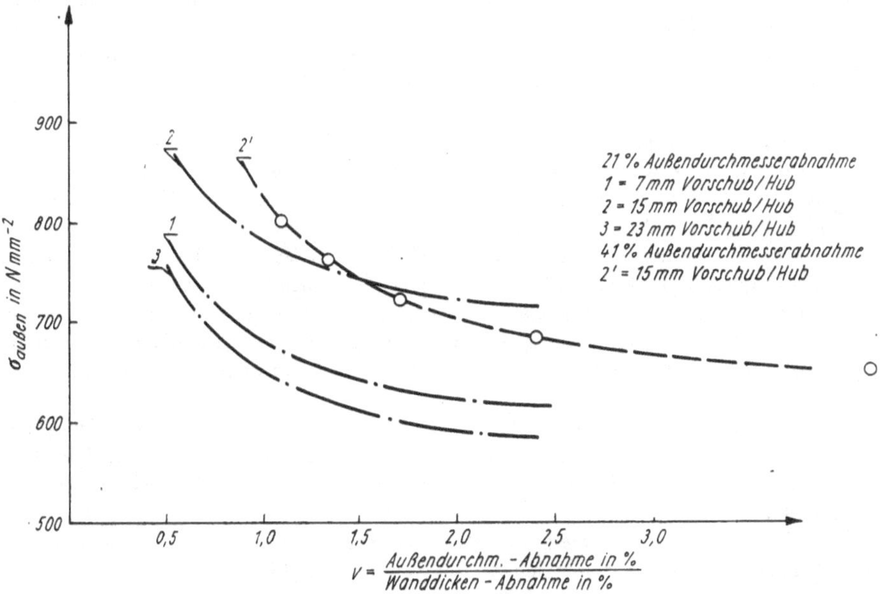

Abb. 17. Einfluß des Verhältnisses Außendurchmesser — zu Wanddickenabnahme auf die Ausbildung von Längseigenspannungen

5. *Zusammenfassung*

Bei der Definition der Eigenspannungen ist zunehmend auch der Einbeziehung der Hochpolymere Rechnung zu tragen. Eine Unterscheidung der Eigenspannungen nach dem Meßverfahren ist sinnvoll, da die einzelnen Verfahren die Arten der Eigenspannungen (Einteilung nach der Reichweite) unterschiedlich selektieren. Die Meßverfahren zur Eigenspannungsanalyse werden heute meist mit dem Ziel der Optimierung der Technologie angewandt. Hierzu wurden Eigenspannungsmessungen in Schweißwerkstoffen und in kaltgepilgerten Rohren erläutert.

Die quantitative Berücksichtigung der Eigenspannungen in Konstruktionsvorschriften steht heute vielfach noch aus. Der zunehmende Einsatz höherfester Stähle rückt infolge der Ausbildung mehrachsiger Spannungszustände mit verminderter Duktilität durch Eigenspannungen dieses Problem stärker in den Vordergrund.

Literatur

[1] *Tietz, H.-D.:* Aspekte des ökonomischen Werkstoffeinsatzes aus der Sicht der Werkstofftechnik. Die Technik 27 (1972) 5, 309—312.

[2] *Blumenauer, H.:* Beanspruchungsgerechte Werkstoffkennwerte — eine wichtige Grundlage des ökonomischen Werkstoffeinsatzes. IfL-Mitteilungen 14 (1975) 7, 235—241.

[3] *Peiter, A.:* Eigenspannungen I. Art Michael Triltsch Verlag Düsseldorf 1966.

[4] *Bühler, H.*, und *A. Rose:* Darstellung des Entstehens von Eigenspannungen in Werkstücken aus Stahl in ihren Umwandlungsschaubildern. Archiv f. Eisenhüttenwesen 40 (1969), 411—423.

[5] *Flügge, S.:* Handbuch der Physik, Bd. VII, Teil 1; Kristallphysik I, Bd. VII, Teil 2; Kristallphysik II, Berlin/Göttingen/Heidelberg: Springer-Verlag 1955/1958.

[6] *Kröner, E.:* Kontinuumstheorie der Versetzungen und Eigenspannungen (Ergebnisse der angewandten Mathematik), Springer Verlag Berlin/Göttingen/Heidelberg 1958.

[7] *Sachs, G.:* Nachweis innerer Spannungen in Stangen und Rohren. Z. Metallkunde 19 (1927), 352—357.

[8] *Bühler, H.*, und *W. Schreiber:* Über die Vereinfachung und Vervollständigung der Auswertung von Eigenspannungsbestimmungen in Metallzylindern nach dem Ausbohr- und Abdrehverfahren. Annales Universitatis Saraviensis, Naturwissenschaften 1/1952, 372/97.

[9] *Bühler, H.*, und *W. Schreiber:* Zur Frage der Meßfehlerausgleichung bei Messung von Eigenspannungen in Hohlzylindern und Rohren. Metall 6 (1952) 3/4, 77/80.

[10] *Blumenauer, H.*, *H. Hoffmann*, *G. Pusch* und *M. Krempe:* Grundlagen und Anwendungsgebiete der röntgenographischen Spannungsmessung. Die Technik 29 (1974) 28 (1973) 9, 568—575.

[11] *Lange, H.:* Messungen von mechanischen Spannungen an großen Bauteilen aus dem Eisenbahnwesen mit Hilfe eines im Mittelpunkt freien Goniometers. 6. International Conference on Nondestructive Testing, Hannover/BRD 1970, Session G, Preprints of Session G, 15—26.

[12] *Macherauch, E.*, *H. Wohlfahrt* und *U. Wolfstieg:* Zur zweckmäßigen Definition von Eigenspannungen. Härterei-Technische Mitteilungen 28 (1973) 3, 201—211.

[13] *Paterson, M. J.:* X-ray diffraction by face centered cubic crystals with deformation faults. J. Appl. Phys. 23/1952, 805—811.

[14] *Evenschor, P. D.*, und *V. Hauk:* Die Elastizitätskonstanten in Abhängigkeit von der Orientierung. Materialprüfung 16 (1974) 8, 231—234.

[15] *Bühler, H.*, und *A. Peiter:* Eigenspannungen im Stahl. Technische Rundschau (1961) 47.

[16] *Kienzle, A.:* Mechanische Umformtechnik. Berlin, Heidelberg, New York: Springer Verlag 1968.
[17] *Bühler, H.:* Zur Frage der Eigenspannungen in statisch beanspruchten Stäben. Archiv für Eisenhüttenwesen 28 (1955) 1, 51—54.
[18] *Stroppe, H.:* Entstehung und Bewertung von Eigenspannungen in metallischen Bauteilen. Wissenschaftliche Zeitschrift der TH Magdeburg 15 (1971) 5, 473—478.
[19] *Rühl, K.:* Die Tragfähigkeit metallischer Baukörper. In: Bautechnik und Maschinenbau, Berlin 1952, Verlag W. Ernst u. Sohn, VIII, 184.
[20] *Siebert, D.:* Beitrag zur Frage der Eigenspannungen in warmgewalzten Breitflanschträgern. Dissertation TU Hannover 1973.
[21] *Schmidt, W.:* Der Einfluß des Spannungszustandes auf die mechanischen Eigenschaften. DEW-Technische Berichte 4 (1964) 4, 194—202.
[22] *Pfender, M.:* Zum Problem der Materialprüfung in der Schweißtechnik. Schweißtechnik (1957) 11, 1—15.
[23] *Teichert, K.:* Beitrag zur Spannungs- und Verformungskinetik von Stählen unter simulierten Schweißwärmezyklen. Dissertation TH Karl-Marx-Stadt 1975.
[24] *Dybiec, C.*, und *T. Siecla:* Verfestigung nach dem Druckpolierverfahren (poln.) herausgegeben vom Institut für Feinmechanik, Warschau, Warschau 1965.
[25] *Hammer, K.:* Anwendung der Kenntnisse über Eigenspannungen und Dauerfestigkeit bei den Vorschriften für die Konstruktion und die Wärmebehandlung einsatzgehärteter Getriebeteile. ASUG-Mitteilungen 6 (1969), 81—94.
[26] *Strigens, P.:* Einfluß der Oberflächenverfestigung auf die Dauerfestigkeit der Stähle. VDI-Zeitschrift 114 (1972) 16, 1193—1199.
[27] *Munz, D.:* Der Einfluß von Eigenspannungen auf das Dauerschwingverhalten. Härterei-Technische Mitteilungen 22 (1967) 1, 52—62.
[28] *Wohlfahrt, H.:* Zum Eigenspannungsabbau bei der Schwingbeanspruchung von Stählen. Härterei-Techn. Mitteilungen 28 (1973) November, 288—292.
[29] *Drescher, G.:* Membranflachböden. Die Technik 21 (1966) 5, 325—330.
[30] *Mischin, W. W.*, und *S. P. Popropenko:* Restspannungen in explosivverformten Böden Stal' (1973) 2 S. 71—73.
[31] *Macherauch, E.*, und *U. Wolfstieg:* Ursachen und Bewertung von Eigenspannungen. Chem.-Ing. Technik 45 (1973) 11, 760—770.
[32] *Thürlimann, B.:* Der Einfluß der Eigenspannungen auf das Knicken der Stahlstützen. Schweizer Archiv (1957) Dezember. 388—404.
[33] *Andrews, K.:* Physical Metallurgy, Techniques and Applications, Vol. II George Allen & Unwin, London 1974.
[34] *Schröder, G.*, und *H. Warlimont:* Metallkundliche Grundlagen in: K. Lange, Lehrbuch der Umformtechnik, Bd. 1, Berlin/Heidelberg/New York: Springer Verlag 1972.
[35] *Tietz, H.-D., B. Hammacher* und *G. Vetter:* Einfluß des Kaltpilgerverfahrens auf die Eigenspannungen in Rohren der Stahlmarke 100 Cr 6. Neue Hütte 22 (1977) 4, 193—196.
[36] *Swiatkowski, K.:* Eigenspannungen im Prozeß des Trommel-Rohrziehens der Legierung PA 36. Rudy i Metale Niezelazne 19 (1974) 1, 17—20.

Horst Blumenauer/Heinz Hoffmann

Eigenspannungen in Werkstoffen mit heterogenem Gefügeaufbau

1. Einleitung

Technische Werkstoffe haben häufig einen mikroskopisch heterogenen Aufbau, d.h. sie enthalten im Gefüge zwei oder mehr Phasen mit unterschiedlichen Eigenschaften. Das Interesse an der theoretischen und experimentellen Untersuchung solcher Phasengemische hat in den letzten Jahren stark zugenommen, da sich durch entsprechende Variation der strukturellen und geometrischen Faktoren besonders günstige und vorausbestimmbare Eigenschaftskombinationen erzielen lassen, d.h. eine Entwicklung von „Werkstoffen nach Maß“ möglich ist. In vielen Fällen kann die Verteilung der Phasen im Gefüge als statistisch homogen angesehen werden, wie das Abb. 1 am Beispiel einer Wolfram-Karbid-Kobalt-Legierung mit 43,1 Vol.-% Kobalt zeigt.

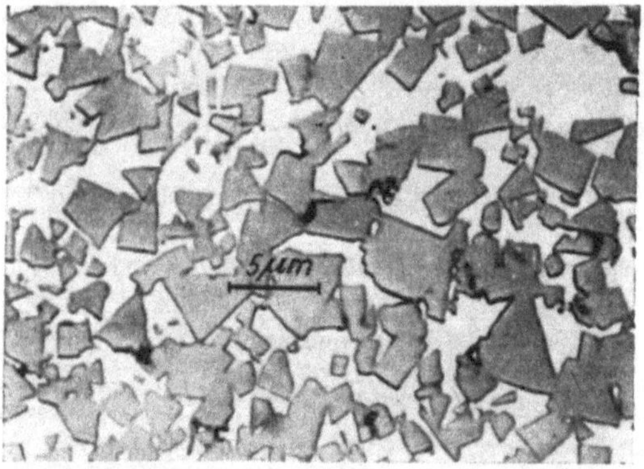

Abb. 1. Gefüge einer Wolframkarbid-Kobalt-Legierung

Ein derartiger Gefügeaufbau führt zu Besonderheiten in der Ausbildung des Eigenspannungszustands. Es entstehen quasihomogene, d.h. in Betrag und Richtung über alle Kristallite einer Phase jeweils konstante Mikroeigenspannungen (Eigenspannungen II. Art), die nach der Ursache ihrer Entstehung in thermisch induzierte Spannungen und Verformungseigenspannungen unterteilt werden können.

2. *Thermisch induzierte Spannungen*

2.1. Theoretische Abschätzung

Thermisch induzierte Spannungen entstehen auf Grund der unterschiedlichen thermischen Ausdehnungskoeffizienten α_i der im Gefüge des Werkstoffs vorliegenden Phasen S_i im Verlauf der Abkühlung nach der Herstellung oder Wärmebehandlung. Sie unterscheiden sich von den als Folge nichtlinearer Temperaturgradienten in Bauteilen ausbildenden Wärmeeigenspannungen dadurch, daß sie auch bei extrem langsamer Abkühlung auftreten.

Für die theoretische Abschätzung der in einer Phase S_i zu erwartenden thermisch induzierten Spannungen $\sigma_{(S_i)}$ werden in der Literatur [1] bis [9] verschiedene Beziehungen angegeben, die sich für zweiphasige Werkstoffe auf die Form

$$\sigma_{(S_i)} = \Phi(\alpha_1 - \alpha_2)\Delta T \tag{1}$$

zurückführen lassen.

Dabei bedeuten α_1 und α_2 die linearen thermischen Ausdehnungskoeffizienten der Phasen S_1 bzw. S_2, ΔT das Temperaturintervall, in dem sich die thermisch induzierten Spannungen ausbilden und Φ eine Funktion der elastischen Konstanten, der Mengenanteile und der Anordnung der Phasen im Gefüge.

Verwendet man zur Abschätzung der thermisch induzierten Spannungen ein Modell, bei dem eine kugelförmig ausgebildete Phase S_1 in eine Matrix S_2 eingelagert ist, so lassen sich die thermisch induzierten Spannungen in der Phase S_1 unter Verwendung von Polarkoordinaten mit den Beziehungen

$$\sigma_{rr(S_1)} = \sigma_{\Theta\Theta(S_1)} = \sigma_{\varphi\varphi(S_1)} = -\frac{12\,K_1K_2G_2(\alpha_1-\alpha_2)\Delta T v_2}{K_2(4G_2+3K_1)+4G_2(K_1-K_2)v_1} \tag{2}$$

und

$$\sigma_{r\Theta(S_1)} = \sigma_{r\varphi(S_1)} = \sigma_{\Theta\varphi(S_1)} = 0 \tag{3}$$

berechnen.

Für die Spannungen in der Matrix gilt

$$\sigma_{rr(S_2)} = \frac{12K_1K_2G_2(\alpha_1-\alpha_2)\,\Delta T v_1}{K_2(4G_2+3K_1)+4G_2(K_1-K_2)v_1}\left(1-\frac{1}{v_1}\frac{a^3}{r^3}\right) \tag{4}$$

$$\sigma_{\Theta\Theta(S_2)} = \sigma_{\varphi\varphi(S_2)} = \frac{12K_1K_2G_2(\alpha_1-\alpha_2)\,\Delta T v_1}{K_2(4G_2+3K_1)+4G_2(K_1-K_2)v_1}\left(1+\frac{1}{2v_1}\frac{a^3}{r^3}\right) \tag{5}$$

$$\sigma_{r\Theta(S_2)} = \sigma_{r\varphi(S_2)} = \sigma_{\Theta\varphi(S_2)} = 0 \tag{6}$$

Dabei sind

K_1, K_2 die Kompressionsmoduln der Phasen S_1 und S_2,

G_1, G_2 die Gleitmoduln der Phasen S_1 und S_2,

α_1, α_2 die linearen thermischen Ausdehnungskoeffizienten der Phasen S_1 und S_2,

v_1, v_2 die Volumenkonzentration der Phasen S_1 und S_2, wobei $v_1 + v_2 = 1$ vorausgesetzt wird,

ΔT das Temperaturintervall, in dem die Ausbildung der thermisch induzierten Spannungen erfolgt,

a der Radius der eingeschlossenen Phase S_1.

Aus den Gln. (1) und (2) folgt, daß in der eingeschlossenen Phase S_1 ein hydrostatischer Spannungszustand vorliegt, was mit Aussagen von LASZLO [1] sowie FAHMY und RAGAI [2] für Wärmespannungen in kugeligen Einschlüssen übereinstimmt. Die Spannungen in der Matrix S_2 erreichen für $r \to \infty$ den von der Ortskoordinate r unabhängigen Grenzwert, der mit dem mittleren Spannungszustand

$$\sigma_{(S_2)} = \frac{12K_1K_2G_2(\alpha_1 - \alpha_2)\,\Delta T v_1}{K_2(4G_2 + 3K_1) + 4G_2(K_1 - K_2)v_1} \tag{7}$$

der Matrix S_2 identisch ist. Dieser Wert kann auch im Hinblick auf die noch zu betrachtende Überlagerung der thermisch induzierten Spannungen mit Verformungseigenspannungen sowie zum Vergleich mit experimentellen Werten durch Integration und Mittelwertbildung gemäß

$$\bar{\sigma}_{(S_2)} = \frac{\int\limits_v \sigma_{(S_2)}\,dV}{V_{(S_2)}} \tag{8}$$

berechnet werden.

Für den Fall einer statistisch homogenen Verteilung der Phasen im Gefüge ist es erforderlich, die beiden Phasen S_1 und S_2 wechselseitig als Einschluß bzw. Matrix zu behandeln. Damit ergeben sich für die mittleren thermisch induzierten Spannungen $\sigma_{(S_1)}$ bzw. $\sigma_{(S_2)}$ in den Phasen S_1 und S_2 eine untere und eine obere Grenze:

Phase 1:

$$\frac{12K_1K_2G_1(\alpha_2 - \alpha_1)\,\Delta T v_2}{K_1(4G_1 + 3K_2) + 4G_1(K_2 - K_1)v_2} \leq \sigma_{(S_1)}$$
$$\leq \frac{12K_2K_1G_2(\alpha_2 - \alpha_1)\,\Delta T v_2}{K_2(4G_2 + 3K_1) + 4G_2(K_1 - K_2)v_1} \tag{9}$$

Phase 2:

$$\frac{12K_1K_2G_1(\alpha_1 - \alpha_2)\,\Delta T v_2}{K_2(4G_2 + 3K_1) + 4G_2(K_1 - K_2)v_2} \leq \sigma_{(S_2)}$$
$$\leq \frac{12K_2K_1G_2(\alpha_1 - \alpha_2)\,\Delta T v_1}{K_2(4G_2 + 3K_1) + 4G_2(K_1 - K_2)v_1} \tag{10}$$

Diese Ungleichungen (9) und (10) gelten unter der Voraussetzung, daß während der Entstehung der thermisch induzierten Spannungen, d.h. im gesamten Temperaturintervall ΔT, elastisches Werkstoffverhalten vorliegt. Treten in der Matrix S_2 plastische Verformungen auf, was bei einer z.B. in z-Richtung wirkenden maximalen Vergleichsspannung

$$\tau_{(S_2)\max} = \sigma_{z(S_2)} \frac{a^3}{r^3} \frac{\sqrt{3}}{2} \tag{11}$$

nicht auszuschließen ist, so gewinnen Rechnungen von BROOKSBANK und ANDREWS [10] an Bedeutung, wonach eine Teilplastifizierung der Matrix in der Umgebung der eingeschlossenen Phase durch thermisch induzierte Spannungen zugelassen wird. Bei einer vollständigen Plastifizierung der Matrix erhält man nach [11] für die in z-Richtung wirkende Komponente der mittleren thermisch induzierten Spannungen folgende Beziehungen:

Matrix S_2:

$$\sigma_{z(S_2)} = -\frac{2}{3} \sigma_F \frac{v_1}{v_2} \ln v_1 \tag{12}$$

eingeschlossene Phase S_1:

$$\sigma_{z(S_1)} = \frac{2}{3} \sigma_F \ln v_1 . \tag{13}$$

Dabei ist die Fließgrenze der Matrix σ_F vorzeichenbehaftet entsprechend der Voraussage der elastischen Rechnung einzusetzen. Ihre Bestätigung finden diese Beziehungen dadurch, daß die Gleichgewichtsbedingung

$$\sigma_{(S_2)} v_2 + \sigma_{(S_1)} v_1 = 0 \tag{14}$$

sowohl für den elastischen als auch für den elastisch-plastischen Fall erfüllt ist. Es darf jedoch nicht übersehen werden, daß eine Berechnung der thermisch induzierten Spannungen wegen der im Vergleich zum realen Werkstoff stark vereinfachten Modelle und der in der Regel nicht bekannten Temperaturabhängigkeit der in den Gln. (9) und (10) bzw. (12) und (13) enthaltenen Werkstoffkennwerte nur näherungsweise möglich ist. Aus diesem Grunde kommt der experimentellen Untersuchung des sich in den einzelnen Phasen eines heterogenen Werkstoffs ausbildenden Eigenspannungszustandes eine besondere Bedeutung zu.

2.2. Experimentelle Bestimmung

Zur experimentellen Bestimmung der thermisch induzierten Spannungen wurden in früheren Arbeiten [12] [13] [14] die nach einem chemischen oder elektrolytischen Herauslösen einer Phase aus dem Gefüge auftretenden Formänderungen des Restkörpers herangezogen. Da diese Methode nicht für den gesamten Konzentrationsbereich einer Legierungsreihe anwendbar ist und außerdem lediglich halbquantitative Aussagen gewonnen werden können, hat sich die röntgenographische Spannungsmeßtechnik als wesentlich besser geeignet erwiesen. Das röntgenographische Meßverfahren wurde schon mehrfach beschrieben [15] [16], so daß an dieser Stelle auf eine ausführliche Darstellung verzichtet werden kann. Im vorliegenden Fall wurde nach dem $\sin^2\psi$-Verfahren gearbeitet, wobei die Registrierung der Röntgeninterferenzen mit einem Zählrohrgoniometer erfolgte. Zur Untersuchung der Überlagerung von thermisch induzierten Spannungen mit Lastspannungen und Verformungseigenspannungen fand eine an das Zählrohrgoniometer angepaßte hydraulisch arbeitende Belastungseinrichtung Anwendung (Abb. 2). Die Untersuchungen wurden an

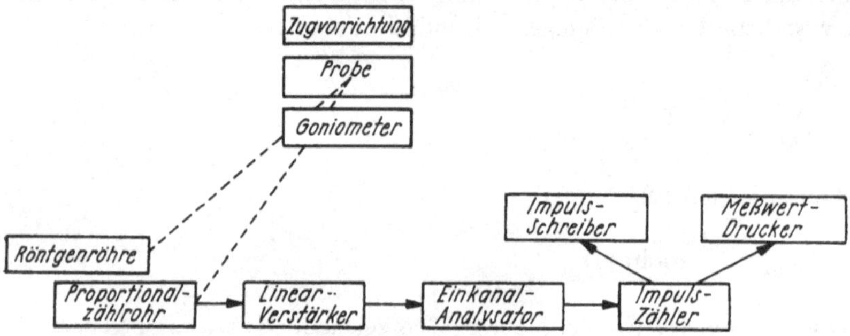

a)

b)

Abb. 2. Meßanordnung zur röntgenographischen Bestimmung von Last- und Eigenspannungen
a) Versuchsanordnung; b) Zählrohrgoniometer mit Belastungsapparatur

verschiedenen zweiphasigen Stählen sowie Wolframkarbid-Kobalt-Legierungen mit unterschiedlichem Co-Gehalt durchgeführt.

Die in den Phasen Wolframkarbid und Kobalt röntgenographisch gemessenen thermisch induzierten Spannungen sind zusammen mit weiteren, der Literatur [17] bis [21] entnommenen Werten in Abb. 3 den durch die Gln. (9)

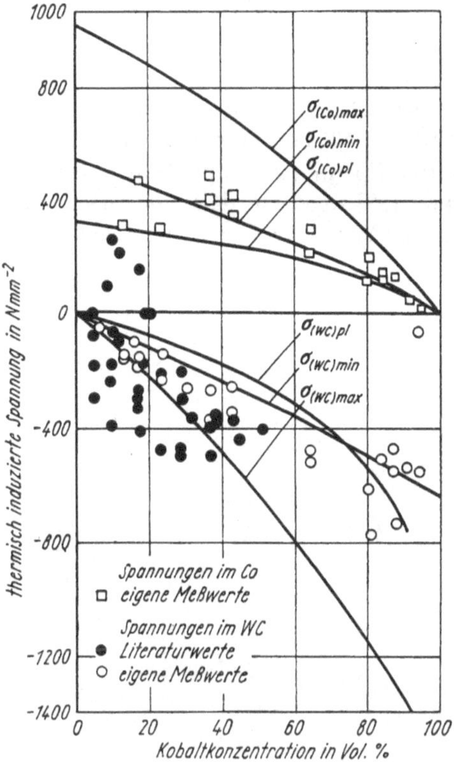

Abb. 3. Vergleich zwischen gemessener und berechneter Konzentrationsabhängigkeit der thermisch induzierten Spannungen in Wolframkarbid-Kobalt-Legierungen

und (10) berechneten Grenzkurven gegenübergestellt. Außerdem wurden die unter Annahme einer plastisch verformten Kobaltmatrix aus den Gln. (11) und (12) entstehenden Kurven eingezeichnet. Die Streuung der aus der Literatur entnommenen Werte kann darauf zurückgeführt werden, daß die Messungen sowohl an geschliffenen bzw. mechanisch polierten Oberflächen als auch an Bruch- und Sinterflächen erfolgten. Um Einflüsse der Oberflächenbearbeitung auszuschließen, sollte daher grundsätzlich nur an elektrolytisch behandelten Oberflächen gemessen werden. Der Vergleich zwischen den berechneten Kurven und den Meßwerten zeigt, daß die bei einwandfreier Oberflächenpräparation im Wolframkarbid gemessenen Spannungen zwischen den für das elastische Werkstoffverhalten gültigen Grenzen liegen. Die in der Kobaltphase vorhandenen Spannungen nähern sich mit fallendem Kobaltgehalt der unteren Grenze der Ungleichung (10) an und werden für Kobaltkonzentrationen <25 Vol.-% besser durch die Annahme einer Plastifizierung des Kobalts gemäß Gl. (12) beschreibbar.

Etwas andere Verhältnisse liegen dann vor, wenn eine der Phasen eine relativ niedrige Fließgrenze aufweist, was z.B. für die Kupferphase in Eisen-Kupfer-Sinterlegierungen zutrifft.

Für diese Legierungen macht der in Abb. 4 dargestellte Vergleich der nach den Beziehungen (9) und (10) bzw. (12) und (13) berechneten Konzentrationsabhängigkeit der thermisch induzierten Spannungen mit Meßwerten von Bollenrath, Hauk, Ohly und Preut [22] deutlich, daß eine theoretische Abschätzung nur bei Annahme plastischer Verformungen in der Kupferphase möglich ist.

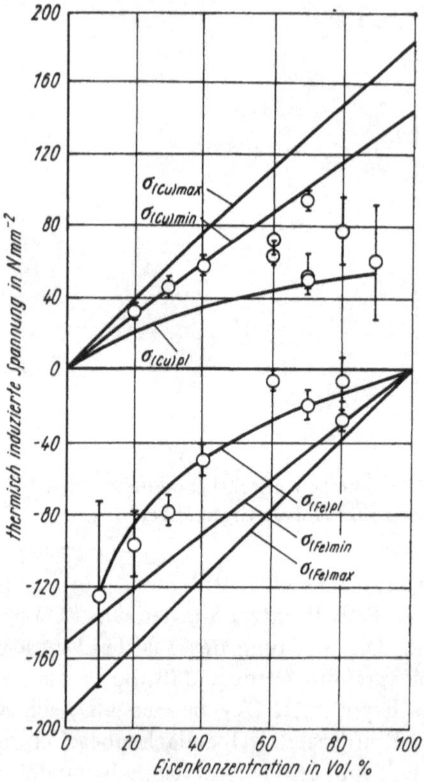

Abb. 4. Vergleich zwischen gemessener und berechneter Konzentrationsabhängigkeit der thermisch induzierten Spannungen in Eisen-Kupfer-Sinterlegierungen

3. Überlagerung der thermisch induzierten Spannungen mit Lastspannungen und Ausbildung von Verformungseigenspannungen

Wird ein heterogener Werkstoff einer äußeren Beanspruchung unterworfen, so überlagern sich die Lastspannungen den thermisch induzierten Spannungen linear, so lange beide Phasen ein elastisches Verhalten aufweisen (Abb. 5). Bei

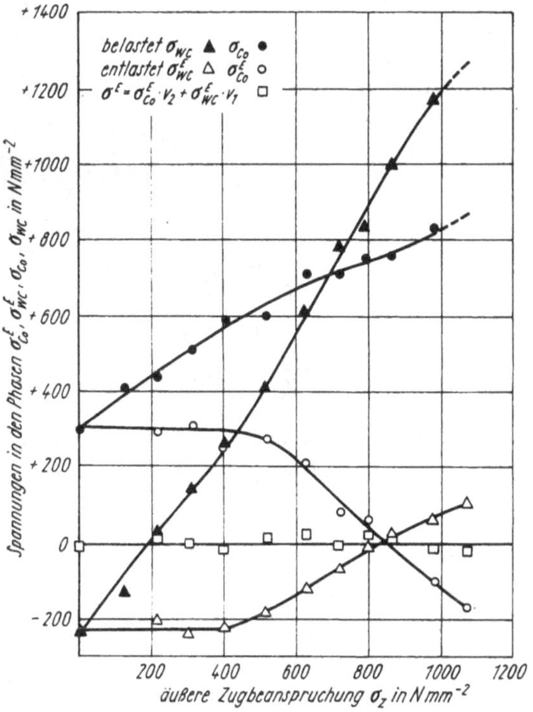

Abb. 5. Abhängigkeit der Last- und Eigenspannungen in den Phasen Wolframkarbid und Kobalt einer WC-Co-Legierung mit 43 Vol.-% Kobalt von der äußeren Zugbeanspruchung

hohen äußeren Zugspannungen tritt, bedingt durch plastische Verformungen im Kobalt, eine verringerte Spannungsaufnahme durch diese Phase in Erscheinung. Die damit verbundenen Veränderungen im Eigenspannungszustand, die nach Zwischenentlastung bei jeder Laststufe erfaßt wurden, führen in der Kobaltphase zu Druckeigenspannungen, die als Reaktionsspannungen im Wolframkarbid Zugeigenspannungen zur Folge haben. Aus Abb. 6 geht hervor, daß der Abbau der thermisch induzierten Spannungen und die Ausbildung von Verformungseigenspannungen mit entgegengesetztem Vorzeichen bereits bei sehr geringen plastischen Dehnungen des heterogenen Werkstoffs vor sich geht.

Analoge Verhältnisse wurden für die Eigenspannungsausbildung in den Phasen Ferrit und Zementit des weichgeglühten Stahls C 130 sowie in den Phasen Austenit und δ-Ferrit des Stahls X7CrNiNb25.12 beobachtet. Die in

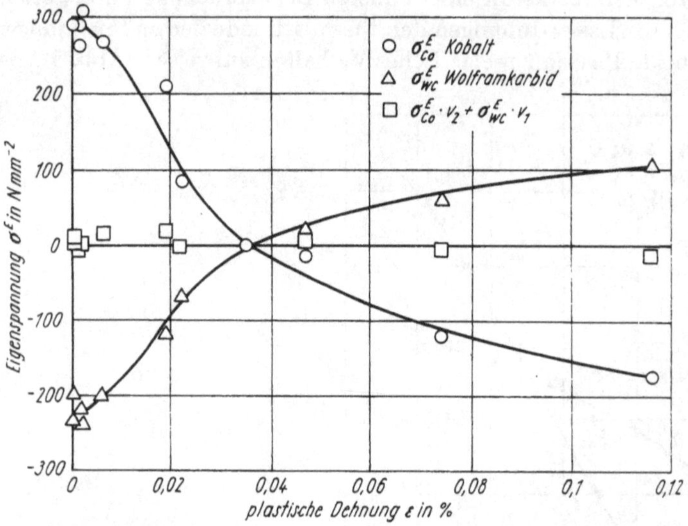

Abb. 6. Abhängigkeit der Eigenspannungen in den Phasen Wolframkarbid und Kobalt einer WC-Co-Legierung mit 43 Vol.-% Kobalt von der plastischen Verformung

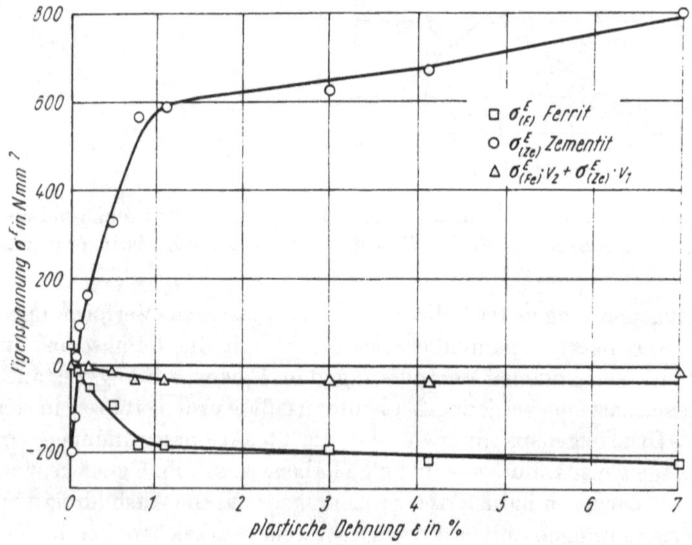

Abb. 7. Abhängigkeit der Eigenspannungen in den Phasen Ferrit und Zementit des Stahls C 130 von der plastischen Verformung

den Phasen Ferrit und Zementit nach stufenweiser Zwischenentlastung gemessenen Eigenspannungen sind in Abb. 7 in Abhängigkeit von der plastischen Dehnung des Gesamtwerkstoffs angegeben. Der Bereich kleinster plastischer

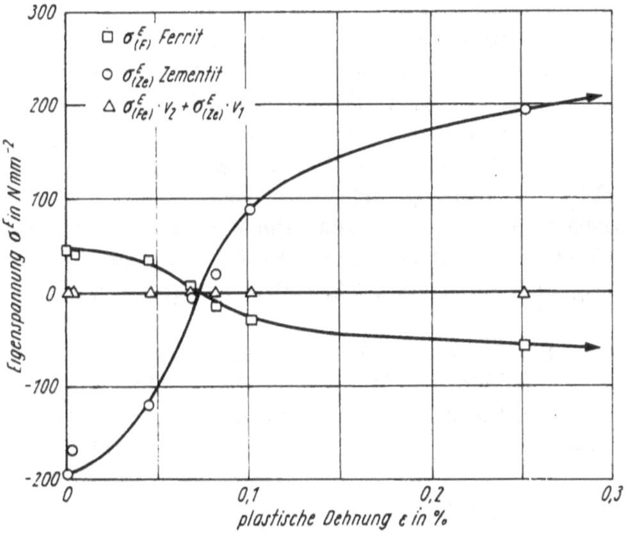

Abb. 8. Abhängigkeit der Eigenspannungen in den Phasen Ferrit und Zementit des Stahls C 130 von der plastischen Verformung (vergrößerter Anfangsbereich von Bild 7)

Dehnungen ist in Abb. 8 vergrößert dargestellt. Hieran wird deutlich, daß im Stahl C 130 die thermisch induzierten Spannungen bereits bei Dehnungen von weniger als 0,08% abgebaut sind und eine weitere plastische Dehnung zur Ausbildung von Verformungseigenspannungen führt, die als Zugeigenspannungen im Zementit bzw. als Druckeigenspannungen im Ferrit den thermisch induzierten Spannungen entgegengerichtet sind. Diese Verformungseigenspannungen steigen in beiden Phasen bis zu einer plastischen Dehnung des Gesamtwerkstoffs von 1% steil an. Oberhalb dieser Dehnung ist nur noch ein langsamer, nahezu linearer Anstieg der Verformungseigenspannungen zu beobachten.

Damit ist die in der Literatur [22] bis [26] beschriebene Tendenz bei der Ausbildung von Verformungseigenspannungen in Zweiphasenwerkstoffen bestätigt, wobei erstmals der Bereich kleinster plastischer Dehnungen mit erfaßt werden konnte. In der Phase mit der niedrigeren Streckgrenze entstehen nach einer vorausgegangenen Zugbeanspruchung Druckeigenspannungen, während in der zweiten Phase Zugeigenspannungen auftreten. Die in den Phasen gemessenen Verformungseigenspannungen kompensieren sich bei kleinen plastischen Dehnungen, wenn eine mit der Konzentration gewichtete Summation der in beiden Phasen vorhandenen Eigenspannungen entsprechend Gl. (14) vorgenommen wird. Bei größeren plastischen Dehnungen ($\varepsilon_{pl} > 0{,}2\%$) entstehen als resultierende Spannungen geringe Druckeigenspannungen. Diese in oberflächennahen, makroskopischen Bereichen vorhandenen Druckeigenspannungen sind Eigenspannungen I. Art, die durch Zugeigenspannungen im Werkstoffinneren kompensiert werden müssen. Daraus ergibt sich die Schlußfolgerung, daß der von homogenen Werkstoffen bekannte Effekt [27] bis [30] einer geringeren Streckgrenze der oberflächennahen Werkstoffbereiche auch bei dem hier untersuchten Stahl C 130 auftritt. Er ist jedoch erheblich geringer und erst bei plastischen Dehnungen von mehr als 0,2% nachweisbar. Da die plastischen Verformungen beim Bruch der Wolframkarbid-Kobalt-Legierung unter 0,2% liegen, wird der Effekt einer geringeren Oberflächenstreckgrenze bei dieser Legierung nicht beobachtet, d.h. die konzentrationsgewichtete Summation der im Wolframkarbid und im Kobalt gemessenen Verformungseigenspannungen läßt, wie Abb. 6 zeigt, keine systematischen Abweichungen von Null erkennen.

Eine Erklärung der Entstehung von Verformungseigenspannungen in heterogenen Werkstoffen ist mit Hilfe des in Abb. 9 dargestellten Modells möglich [22] bis [24] [30]. Es zeigt den Einfluß von Unterschieden in den Elastizitätsmoduln, den Streckgrenzen und dem Verfestigungsverhalten der Phasen auf

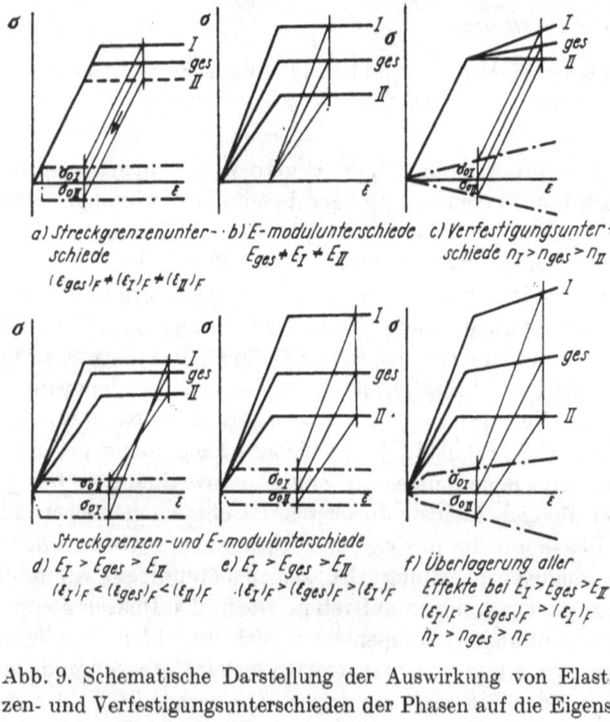

Abb. 9. Schematische Darstellung der Auswirkung von Elastizitätsmodul-, Streckgrenzen- und Verfestigungsunterschieden der Phasen auf die Eigenspannungen

die Ausbildung von Verformungseigenspannungen. Eine exakte quantitative Bestimmung der Verformungseigenspannungen nach diesem Modell ist gegenwärtig allerdings noch nicht möglich, da die Spannungs-Verformungs-Beziehungen der einzelnen Phasen im Zweiphasenwerkstoff nicht bekannt sind. Zur Erfassung dieser Beziehungen ist es notwendig, Verfahren zu entwickeln, die außer den elastischen Dehnungsanteilen auch die plastischen Verformungen der einzelnen Phasen im heterogenen Werkstoff zu messen gestatten.

4. Einfluß der Eigenspannungen auf das Verformungs- und Festigkeitsverhalten

Die unterschiedlichen Eigenspannungen in den einzelnen Phasen eines heterogenen Werkstoffs können dessen makroskopisches Verformungs- und Festigkeitsverhalten erheblich beeinflussen. Wie aus früheren Untersuchungen [31] bis [36] hervorgeht, setzt in einer Legierungsreihe mit unterschiedlichen Volumenanteilen der Phasen im Gefüge das Fließen zwar bei verschiedenen äußeren Zugbeanspruchungen, aber bei annähernd gleicher Spannung in der duktileren Phase ein. Daraus ergibt sich ein Zusammenhang zwischen der Streckgrenze der Legierung und dem Eigenspannungszustand. Je höher die Zugeigenspannungen in der duktileren Phase sind, um so geringere äußere Zugbeanspruchungen sind erforderlich, damit z.B. im Kobalt der Wolframkarbid-Kobalt-Legierungen [11], [35] oder im Kupfer der Eisen-Kupfer-Sinterlegierungen [31] Fließen eintritt. Hohe Zugeigenspannungen in der duktileren Phase haben somit eine niedrige makroskopische Streckgrenze der gesamten Legierung zur Folge.

In Wolframkarbid-Kobalt-Legierungen mit geringen Kobaltgehalten kann eine Veränderung des Eigenspannungszustands durch Überlagerung makro-

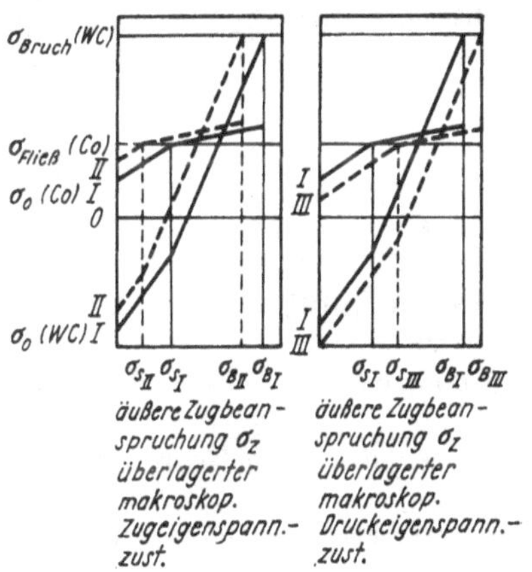

$\sigma_{S_{I,II,III}}$ Fließgrenze der Legierung

$\sigma_{B_{I,II,III}}$ Zugfestigkeit der Legierung

$\sigma_0(\mathrm{Co})_{I,II,III}$ Eigenspannung im Co

$\sigma_0(\mathrm{WC})_{I,II,III}$ Eigenspannung im WC

$\sigma_{Flie\beta}(\mathrm{Co})$ Fließgrenze des Co

$\sigma_{Bruch}(\mathrm{WC})$ Bruchgrenze des WC

I Gleichgewichtszustand

$C \cdot \sigma_0(\mathrm{Co})_I + (1 - C)\sigma_0(\mathrm{WC})_I = 0$

II makr. Zugspannungen

$C \cdot \sigma_0(\mathrm{Co})_{II} + (1 - C)\sigma_0(\mathrm{WC})_{II} > 0$

III makr. Druckspannungen

$C \cdot \sigma_0(\mathrm{Co})_{III} + (1 - C)\sigma_0(\mathrm{WC})_{III} < 0$

Abb. 10. Schematische Darstellung der Auswertung verschiedener Eigenspannungszustände auf das Verformungs- und Festigkeitsverhalten von WC-Co-Legierungen

skopischer Eigenspannungen, die in beiden Phasen gleichsinnig wirken, neben der Streckgrenze auch die Festigkeit verändern. Abb. 10 zeigt eine schematische Darstellung des Zusammenhangs zwischen dem Spannungszustand in den Phasen und dem Festigkeitsverhalten der Legierungen mit Kobaltgehalten <40 Vol.-%. Es wird deutlich, daß die Streckgrenze und die Zugfestigkeit der Gesamtlegierung ansteigen, wenn den thermisch induzierten Spannungen makroskopische Druckeigenspannungen überlagert werden (Fall III im Vergleich zu Fall I). Diese Vorstellungen lassen sich durch experimentelle Ergebnisse von Jung, Dawihl und Altmeyer [36] stützen, die durch überlagerte Druckspannungen eine Verbesserung des Verschleißverhaltens von Wolframkarbid-Kobalt-Legierungen erzielen konnten.

5. *Zusammenfassung*

Die in den einzelnen Phasen heterogener Werkstoffe auftretenden thermisch induzierten Spannungen können theoretisch abgeschätzt oder experimentell mit Hilfe der röntgenographischen Spannungsmessung bestimmt werden. In der Phase mit dem kleineren thermischen Ausdehnungskoeffizienten treten Druck-, in der Phase mit dem größeren Ausdehnungskoeffizienten Zugeigenspannungen, deren Höhe durch die Differenz der Ausdehnungskoeffizienten und die elastischen Konstanten der Phasen bestimmt wird, auf.

Bei elastischem Werkstoffverhalten überlagern sich die thermisch induzierten Spannungen den Lastspannungen linear. Treten plastische Verformungen in einer Phase auf, so beginnt der Abbau der thermisch induzierten Spannungen und der Aufbau von Verformungseigenspannungen. Letztere haben entgegengesetzte Vorzeichen wie die thermisch induzierten Spannungen und können durch Elastizitätsmodul-, Streckgrenzen- und Verfestigungsunterschiede der Phasen erklärt werden.

Literatur

[1] *Laszlo, F.:* Tesselated stresses. J. Iron Steel Inst. 147 (1943) 173–199, 148 (1943) 137–159, 150 (1944) 183–207, 152 (1945) 207–228.

[2] *Fahmy, A. A.*, und *A. N. Ragai*: Thermal-expansion behaviour of two phase solids. J. Appl. Phys. 41 (1970) 13, 180–211.

[3] *Gurland, J.:* Temperature stresses in the two-phase alloy WC-Co. Trans. Amer. Soc. met. 50 (1958), 1063.

[4] *Späth, W.:* Einige Betrachtungen zum Festigkeitsverhalten der Hartmetalle. Metall 12 (1958), 925–929.

[5] *Turner, P. S.:* Thermal-expansion stresses in reinforced plastics. J. Research Natl. Bur. Standards 37 (1946) 4, 239–250.

[6] *Kingery, W. D.:* Note on thermal expansion and microstresses in two-phase compositions. Journal of the American Ceramic Society 40 (1957) 10, 351—352.

[7] *Koss, D. A.*, und *S. M. Copley:* Thermisch induzierte Eigenspannungen in Verbundwerkstoffen. Metallurgical Transactions 2 (1971), 1557—1560.

[8] *Brooksbank, D.* und *K. W. Andrews:* Tessetated stresses associated with some inclusions in steel. J. of the Iron and Steel Institute 207 (1969), 475—483.

[9] *Samojlov, A. I., A. I. Krivko* und *V. S. Kozlova:* Osobenosti rentgenovskogo opredelenija teplovych mešfaznych mikronaprja-ženij. Zavrodskaja Laboratorija (1971) 9, 1093—1096.

[10] *Brooksbank, D.*, und *K. W. Andrews:* Stress fields around inclusion and their relation to mechanical properties. Journal of the Iron and Steel Institute 210 (1972), 247—255.

[11] *Bock, H.:* Untersuchungen zum Verformungs- und Bruchverhalten von Wolframkarbid-Kobalt-Legierungen. Diss. TH Magdeburg 1973.

[12] *Dawihl, W.*, und *G. Altmeyer:* Dehnungsmessungen an Wolframkarbid-Kobalt-Legierungen im Zusammenhang mit der Gerüsttheorie. Z. Metallkde. 54 (1963) 11, 645—650.

[13] *Dawihl, W.*, und *G. Altmeyer:* Über Formänderungsmessungen zur Ermittlung von Eigenspannungen in Hartmetallen. Z. Metallkde. 57 (1966) 1, 55—59.

[14] *Peiter, A.:* Versuche zur Ermittlung der Eigenspannungen in Verbundwerkstoffen insbesondere in Hartmetallen. Metall 18 (1964) 12, 1295—1299.

[15] *Macherauch, E.*, und *P. Müller:* Das $\sin^2$-ψ-Verfahren der röntgenographischen Spannungsmessung. Z. angew. Phys. 13 (1961), 305—312.

[16] *Blumenauer, H., H. Hoffmann, G. Pusch* und *M. Krempe:* Grundlagen und Anwendungsgebiete röntgenographischer Spannungsmessung. die Technik 28 (1973) 9, 568.

[17] *Öhmann, S., E. Pärnama* und *S. Palmquist:* Studies on residual stresses in WC-Co-systems. Jernkont. Ann. 151 (1967) 2, 126—159.

[18] *Gurland, J.:* Variation of residual microstresses with composition of two phase alloys Technical Report Nr. 4 Division of Engineering Brown University Providence, Rhode Island Dec. 1959.

[19] *Bernard, R.:* Röntgenuntersuchungen der in Wolframkarbid-Kobalt-Legierungen vorhandenen Spannungen. Bericht über die II. Internat. Pulvermetallurg. Tagung in Eisenach vom 1.—4. Juni 1961. Akademie-Verlag Berlin 1962.

[20] *Kraus, I.:* Termicha pnuti ve slinitých karbidech na bázi karbidu Wolframu. PPM-VUPM 2 (1965), 19—31.

[21] *Kraus, I:* Thermičeskie naprjaženija v metallo keramičeskych tverdych cplavach WC-Co crednej veličinoj zerena WC-2,2 μm i 3 μm. Cechoslovacki fizičeskij žurnal TOM B 15 (1965), 367—371.

[22] *Bollenrath, F., V. Hauk, W. Ohly* und *H. Preut:* Eigenspannungen in Zweiphasenwerkstoffen insbesondere nach plastischer Verformung. Z. Metallkde 60 (1959), 288—292.

[23] *Hanabusa, T., Fukura, J.* und *Fujiwara:* X-ray stress measurement on the cementite-phase in steel. Bull. JSME 12 (1969), 931—939.

[24] *Ohly, W.:* Zur Entstehung von Verformungseigenspannungen. Diss. Aachen 1968.

[25] *Wilson, D. V.*, und *Y. A. Konnan:* Work hardening in a steel containing of coarse dispersion of cementite particles. Acta met. 12 (1964), 617—628.

[26] *Bollenrath, F., V. Hauk* und *W. Ohly:* Über die Ausbildung von Gittereigenverformungen in Stählen nach bleibender einachsiger Dehnung. Arch. Eisenhüttenwes. 41 (1970) 1, 445–450.

[27] *Emter, D.*, und *E. Macherauch:* Die Streckgrenze des Ferrits an der Oberfläche von Zugproben aus unlegiertem Stahl mit 0,03 bis 1,15% Kohlenstoff. Arch. Eisenhüttenwes. 35 (1964), 909.

[28] *Kolb, K.*, und *E. Macherauch:* Eigenspannungsausbildung an verformten Stählen. Arch. Eisenhüttenwes. 36 (1965), 9.

[29] *Leiber, C. O.*, und *E. Macherauch:* Gitterdehnungsmessungen an reinem Kupfer. Z. f. Metallkde. 51 (1960), 621–625.

[30] *Faninger, G.*, und *A. W. Reitz:* Verformungseigenspannungen in Eisenwerkstoffen, Teil 1 u. 2. Berg- u. Hüttenm. Mh. 110 (1965) 6.

[31] *Hoffmann, H.:* Röntgenographische Untersuchungen zum Spannungs-Deformationsverhalten von Eisen-Kupfer- und Eisen-Silber-Sintermetallen. Wiss. Z. Techn. Hochschule Magdeburg 13 (1969), 391.

[32] *Blumenauer, H., R. Wenzek* und *H. Hoffmann:* Verteilung von Last- und Eigenspannungen in einem ferritisch-austenitischen Stahl. Neue Hütte 17 (1972) 6, 296.

[33] *Blumenauer, H., R. Wenzek* und *H. Hoffmann:* Ein Beitrag zur röntgenographischen Untersuchung der Eigenspannungsverteilung in mehrphasigen Werkstoffen. Wiss. Z. Techn. Univ. Dresden 19 (1970), 591–594.

[34] *Hoffmann, H., H. Bock* und *R. Wenzek:* Die Beanspruchungsverhältnisse in heterogenen Werkstoffen. Wiss. Z. Techn. Hochsch. Magdeburg 16 (1972) 1, 31.

[35] *Bock, H.; H. Hoffmann* und *H. Blumenauer:* Mechanische Eigenschaften von Wolframkarbid-Kobalt-Legierungen. die Technik 31 (1976) 1, 47–51.

[36] *Jung, O., W. Dawihl* und *G. Altmeyer:* Einfluß von Spannungen auf die Koerzitivfeldstärke, die Rißbildungsarbeit nach Palmquist und das Verschleißverhalten von Hartmetallen. Z. Metallkde. 61 (1970) 12, 898.

FSC
www.fsc.org
MIX
Papier | Fördert gute Waldnutzung
FSC® C083411

Zeitfracht Medien GmbH
Ferdinand-Jühlke-Straße 7
99095 Erfurt, Deutschland
produktsicherheit@kolibri360.de